室内设计 新视点 · 新思维 · 新方法丛书

朱 淳 / 丛书主编

ENVIRONMENTAL PSYCHOLOGY IN INTERIOR SPACE

室内环境心理学

黄雪君 / 编著

化学工业出版社

· 北 京 ·

《室内设计新视点·新思维·新方法丛书》编委会名单

丛书主编：朱 淳

丛书编委（排名不分前后）：余卓立　郭　强　王乃霞　王乃琴
周红旗　黄雪君　陆　玮　张　毅

　　室内环境心理学的研究目的不仅是对室内设计的合理性提出可靠的依据，更是建筑师和设计师对于人居环境中人类心理和精神层面的探索与追求。本书根据心理学逻辑框架，从人的感觉、知觉、认知、行为、情感各方面揭示人类在各类室内空间中的心理变化和行为规律，帮助设计师更好地分析和把握人们在室内空间中的心理活动、需求、动机、决策方式等，从而设计出更适合大众的作品。

　　本书的观点新颖、内容科学，具有一定的前瞻性和启发性，是一本涉及环境设计领域的心理学应用读物，可作为高等院校环境设计、室内设计等设计类的专业教科书，也可供设计领域的从业人员参考阅读。

图书在版编目(CIP)数据

室内环境心理学/ 黄雪君编著. --北京：化学工业出版社, 2020.3（2025.2重印）
（室内设计新视点·新思维·新方法丛书 / 朱淳主编）
ISBN 978-7-122-35910-0

Ⅰ.①室… Ⅱ.①黄… Ⅲ.①室内装饰设计-环境心理学 Ⅳ.①TU238.2-05

中国版本图书馆CIP数据核字(2019)第297451号

责任编辑：徐　娟	装帧设计：黄雪君
责任校对：王　静	封面设计：刘丽华

出版发行：化学工业出版社（北京市东城区青年湖南街13号　邮政编码100011）
印　　装：涿州市般润文化传播有限公司
889mm×1194mm　1/16　印张10　字数250千字　2025年2月北京第1版第4次印刷

购书咨询：010-64518888　　　　　　　　　　售后服务：010-64518899
网　址：http://www.cip.com.cn
凡购买本书，如有缺损质量问题，本社销售中心负责调换。

定　　价：68.00元

丛 书 序

人类对生存环境做出主动的改变，是文明进化过程的重要内容。

在创造着各种文明的同时，人类也在以智慧、灵感和坚韧，塑造着赖以栖身的建筑内部空间。这种建筑内部环境的营造内容，已经超出纯粹的建筑和装修的范畴。在这种室内环境的创造过程中，社会、文化、经济、宗教、艺术和技术等无不留下深刻的烙印。因此，室内环境营造的历史，其实包含着建筑、艺术、装饰、材料和各种技术的发展历史，甚至包括社会、文化和经济的历史，几乎涉及了构成建筑内部环境的所有要素。

工业革命以后，特别是近百年来，由技术进步带来观念的变化，尤其是功能与审美之间关系的变化，是近代艺术与设计历史上最为重要的变革因素，由此引发了多次与艺术和设计相关的改革运动，也促进了人类对自身创造力的重新审视。从19世纪末的"艺术与手工艺运动"（Arts & Crafts Movement）所倡导的设计改革，直至今日对设计观念的讨论，包括当今信息时代在室内设计领域中的各种变化，几乎都与观念的变化有关。这个领域的发展，从空间、功能、材料、设备、营造技术到当今各种信息化的设计手段，都是建立在观念改变的基础之上的。

在不同设计领域的专业化都有了长足进步的前提下，室内设计教育的现代化和专门化出现在20世纪的后半叶。"室内设计"（Interior Design）这一中性的称谓逐渐替代了"室内装潢"（Interior Decoration），名称的改变也预示着这个领域中原本占据主导的艺术或装饰的要素逐渐被技术、功能和其他要素取代了。

时至今日，现代室内设计专业已经不再是仅用"艺术"或"技术"即能简单地概括了。它包括对人的行为、心理的研究；时尚和审美观念的了解；建筑空间类型的多种改变；对功能与形式的重新认识；技术与材料的更新，以及信息化时代不可避免的设计方法与表达手段的更新等一系列的变化，无不在观念上彻底影响着室内设计的教学内容和方式。

本丛书的编纂正是基于这样的前提之下。本丛书除了注重各门课程教学上的特点外，更兼顾到同一专业方向下曾经被忽略的一些课程，如室内绿化及微景观；还有从用户心理与体验来研究室内设计的课程，如环境心理学；以及作为室内设计主要专项拓展的课程，如办公空间设计；同时也更加注重各课程之间知识的系统性和教学的合理衔接，从而形成室内设计专业领域内，更专业化、更有针对性的教材体系。

本丛书在编纂上以课程教学过程为主导，通过文字论述该课程的完整内容，同时突出课程的知识重点及专业知识的系统性与连续性，在编排上辅以大量的示范图例、实际案例、参考图表及优秀作品鉴赏等内容。本丛书能够满足各高等院校环境设计学科及室内设计专业教学的需求，同时也对众多的从业人员、初学者及设计爱好者有启发和参考作用。

本丛书的出版得到了化学工业出版社领导的倾力相助，在此表示感谢。希望我们的共同努力能够为中国设计铺就坚实的基础，并达到更高的专业水准。

任重而道远，谨此纪为自勉。

朱 淳
2019年7月

目录
contents

第 1 章　绪论

　　室内环境设计对人们产生的作用是难以衡量的。一个餐厅因为将墙壁和餐盘的色彩改变为暖色调，菜品更受客人欢迎了；一个学习不佳的孩子在居家学习空间调整后，成绩逐渐提高了；一个酒吧在空间调整后顾客停留时间更久，消费更多了；一个教室在撤去厚重的窗帘换上新的遮光窗户后，老师和学生因为能看见窗外的自然景观而变得更愉快了；一对夫妻在卧室减弱了原本的过度装饰后，终于可以轻松地休息了。这些事件都显示出室内环境设计的重要性，也说明环境心理学的科学原理是人们对物理环境体验的基础。室内环境设计影响了使用者的心理状态，塑造了人们的态度和行为。

1.1　室内环境心理学的含义

　　有关环境心理的科学原理可以应用于住宅、商店、酒店、办公室、医疗和教育等场所。尽管每个人的生活方式有所不同，但人们对环境的感知方式是大体相似的。随着科技的高速发展，室内环境设计已不仅仅局限于人们生理需求的满足，而是追求更高层次的心理需求的满足。心理学是研究人类心理现象及其规律的科学，其定义是：关于个体行为及心智过程的科学研究。心理学与每个人的日常生活息息相关，人们的衣食住行、工作、学习都在心理学的研究范围内，人的心理与行为构成了人们的日常生活。

　　室内环境设计是人们对室内空间环境要素的组合与营造，它涉及建筑、设计、艺术和装饰，甚至包括社会史和经济史。室内环境设计在建筑空间环境的塑造中具有非凡的意义，对使用者来说，室内空间环境比建筑外观更重要。《道德经》中记载："凿户牖以为室，当其无，有室之用。故有之以为利，无之以为用。"意思是

图1-1　中式建筑室内空间

说：做门窗建造房屋，只有四壁围合成的内部空间，才是房屋真正有用的地方。这段话反映了室内环境在建筑中的主体地位，建筑物建造的目的归根到底是为了获得良好的内部使用空间。正是由于室内环境在建筑中的重要地位，人们更加注重室内环境质量和建筑环境效益，也更关注室内环境与人之间的相互影响（见图1-1）。

室内环境的质量影响着人们的工作效率。在适当的照明和座椅舒适的工作台前，人们工作和学习的效率更高。身处于暖色调的餐厅空间，人们的胃口也会更好（见图1-2）。室内设计需要尊重使用者的意愿。尽管人们的性格、文化、经验影响着他们对空间、场所的具体反应，但是当我们谈及人们期望在怎样的空间环境中生活和工作时，答案总是大同小异的。人们都喜欢安全、舒适，能满足基本需求，利于自身全面健康发展的场所。如果他们正在做思考的工作，他们需要能够集中精力的工作环境。室内设计师在设计前要确认两件事情：一是所设计的空间应满足使用者的基本需求；二是判断使用者对空间类型的需要（见图1-3）。

图1-2 美国塔霍北湖河牧场和餐厅，暖色调可以激发人们的食欲

图1-3 室内设计师的合作探讨

环境心理学（Environmental Psychology）是一门研究环境与人的心理之间相互作用和关系的学科，属于应用心理学的范畴。广义的环境心理学包括自然领域和社会领域，并涉及社会环境心理学的所有内容。环境心理学植根于心理学的一些基本理论，但研究对象是人的行为与环境，包括城市、村镇、建筑等。环境心理学通过研究人与环境之间关系，探讨和解决存在于人与环境之间可能存在的问题，研究人与环境最优化的互动方式，探寻最符合人们心意的生活环境。因此，环境心理学与建筑学、城市规划、室内设计、环境生物以及普通心理等学科有着至为重要的联系。

设计心理学（Design Psychology）是心理学与设计学的交叉学科，是设计学在人类心理层面的深入探索，是在计划、规划、设想过程中，关于个体行为及心智过程的科学研究，具备科学性、客观性和验证性等基本属性。它是研究者和设计师将心理学理论、方法和研究成果在设计实践上的运用，从而解决设计领域中与人的心理活动和行为相关的问题。

目前，室内环境心理学并没有作为一门独立学科加以研究，而是作为建筑设计中不可或缺的重要内容进行广泛研究和深入的探讨。建筑心理学从建筑设计的角度为室内环境设计提出大量标准和具体要求。本书中所提及的理论和内容大多来源于这两个学科的研究成果，希望能成为对室内设计专业人员有较大实用价值的工具书。

室内设计师的工作是具有挑战性的，因为人们的活动时间、内容、需要都不一样，室内设计师面对的市场是复杂而综合的。因此，空间环境设计是否成功取决于该空间的使用群体的特点和文化背景。室内设计师依据环境心理的科学规律，充分发挥主观能动性和创造性，提高设计能力，随着科技和材料发展，力求创造安全、舒适、美观的室内环境，提高人们的工作与生活品质。

1.2 相关心理学科的发展

从19世纪末德国心理学家威廉·冯特（Wilhelm Wundt，1832—1920）创立了世界上第一个心理学的实验室以来，心理学得到迅速发展，出现了众多心理学流派和分析方法。这些理论和方法为心理学研究奠定了科学的基础。其中，与室内环境设计紧密相关的应用心理学学科包括设计心理学和环境心理学两个分支。前者注重解决设计领域中与人的心理活动和行为相关的问题；后者从人与环境的相互作用及关系角度，关注与人生存环境有关的所有问题。两者的研究成果为建筑室内环境的设计提供了宝贵的依据和经验（见图1-4）。

图1-4 设计心理学涉及人类感知觉、认知、行为、情绪等多方面

1.2.1 设计心理学的诞生和发展

设计心理学起源于20世纪的早期，美国心理学家沃尔特·斯科特（Walter Scott，1869—1955）首次将心理学运用到广告、人员选拔和管理上。1903年，斯科特出版的《广告学原理》（The Theory of Advertising）是第一本讲述运用心理学知识解决商业问题的书籍，它开辟了消费心理学和工业组织心理学的研究先河。哈佛大学德国心理学教授雨果·芒斯特伯格（Hugo Munsterberg，1863—1916）致力于研究工作中人的行为规律与心理活动，以及劳动作业内容、方式方法与人的工作效能关系问题，为工业心理学的产生奠定基础。此后，在第二次世界大战期间工程心理学诞生了。战争中，心理学家与机械工程师的紧密合作不仅选拔和训练了合适的士兵，也促进、完善了武器设备的设计，是早期人类将心理学理论应用于工程设计的历史事件。工业心理学和工程心理学的研究成果被广泛应用于工业产品和工作环境的设计中，并为设计心理学的诞生奠定了基础。

第二次世界大战结束后，随着商业的发展和计算机的出现，心理学家正式参与到设计领域，设计心理学作为一门独立的学科逐渐形成。目前，对于设计心理学研究最系统、全面的学者是美国人工智能专家、认知心理学家赫伯特·亚历山大·西蒙（Herbert Alexander Simon，1916—2001）。他被公认为设计心理学的重要奠基人之一，他最早提出设计活动的本质是一个人在复杂情境下对信息的加工处理，并根据有限条件做出判断和决策的过程。

美国认知心理学家唐纳德·诺曼（Donald Norman，1935—）在《设计心理学》一书中提出设计心理学是"研究人和物相互作用方式的心理学"。他被公认为设计心理学的重要领军人物，先后出版了一系列设计心理学著作，有意识地将认知心理学和人机交互理论应用于产品设计、交互界面设计，系统地阐述了人与物相互作用的规律，强调产品的可用性、可视性、情感性。其设计的三个层次等重要研究理论也被运用于室内环境设计、视觉设计等其他设计领域。此外，美国行为心理学家苏珊·魏因申克（Susan Weinschenk，1953—）致力于将成熟的心理学原理和最新的心理学研究成果应用于网络交互界面的设计，提出了200多条学习设计需要掌握的心理学知识。日本筑波大学的原田昭教授曾提出21世纪将是一个以感性工学为基础的时代，他的设计将医学、心理学、环境科学、信息科学等相融合。感性工学研究需要解决的关键问题包括：如何准确掌握消费者对产品的感性体验；如何将感性体验转化到产品设计中；如何为感性设计建立一个系统或组织等。设计心理学的研究成果为室内场所的心理研究提供了坚实的基础（见图1-5）。

图1-5 室内设计心理学致力于研究人与空间、环境、场所之间的关系

1.2.2 环境心理学的诞生和发展

环境心理学最早可追溯到19世纪后期。1886年德国美术史专家沃尔芬（H. Woffin）发表了《建筑心理学绪论》，他主张用心理学和美学的角度考察建筑；包豪斯第二任校长汉斯·迈耶（Hans Mayer, 1889—1954）在包豪斯开设建筑心理学的课程；1908年，美国地理学者佳利弗（F. P. Galliver, 1880—1943）发表了《儿童定向问题》；1913年，美国科学家特罗布里奇（C. C. Trowbridge）发表了《想象地图》（imaginary maps）；德国心理学家库尔特·列文（K. Lewin, 1890—1947）的场理论是第一个考虑物质环境的心理学理论，利用数学函数关系研究人在环境中的行为，形成一个基本模式，认为行为决定于个体本身与其所处的环境两个方面；布隆斯维克（E. Brunswik, 1903—1955）从事环境知觉研究，详细分析物质环境影响行为的方式，并于1934年开始使用"环境心理学"一词。学术意义上的"环境心理学"（Environmental Psychology）产生于20世纪60年代。

1947年，美国堪萨斯大学心理学家罗杰·巴克（Roger Barker, 1903—1990）和他的助手在美国小镇米德威斯建立了心理学现场实验站，研究真实行为场景对行为的影响，研究坚持了25年，发表了一系列的论文和著作。1957年，加拿大研究者通过对精神病人的研究，提出了社会向心空间和社会离心空间的概念。1958年，美国的伊特尔森（Ittelsan）、普罗尚斯基（Proshangsky）等人发表的研究报告"影响精神病院设计与功能的一些因素"是早期环境行为现象的研究成果，促进了跨学科的环境心理研究。

1960年，美国城市规划学家凯文·林奇（Kevin Lynch, 1918—1984）出版了《城市意象》一书，创造性地把心理学研究运用于城市设计，书中提出了建立城市形象的五个基本元素：道路、边界、区域、节点和地标。这一成果对城市环境规划设计产生巨大影响（见图1-6）。

1964年，在美国医院联合会会议上，专家们正式提出了"环境心理学"这一术语。同年，哈佛大学和麻省理工学院相继开设了环境心理学的课程；1966年，美国人类学家和跨文化研究者爱德华·霍尔（Edward Hall, 1914—2009）出版的《隐藏的空间》研究了人类领域行为，探讨了互动的本质、社会地位关系以及不同文化背景对人际距离的影响。1968年，纽约州立大学开始招收环境心理学博士；宾夕法尼亚州立大学招收"人

图1-6 《城市意象》

与环境关系"方向的博士生；美国环境设计研究学会（Environmental Design Research Association, EDRA）成立并于次年召开第一次大会。这是世界上第一个研究环境与行为的综合性学术研究团体。1969年，环境设计研究学会召开第一次大会，《环境与行为》杂志同时创刊；英国召开了首次国际建筑心理学研讨会（International Architectural Psychology Conference, IAPC），它是后来1981年欧洲成立的国际人间环境交流协会的前身。该会每两年召开一次。1970年，第一本环境心理学方面的教材出版。

1976年，美国心理学会（APA）正式成立人口与环境心理学分会（第34分会）。国际应用心理学联合会（International Association of Applied Psychology, IAAP）也成立了环境心理学分部。1980年，日本与美国在东京举行了第一次国际性环境心理学学术讨论会，日本成立了人－环境研究学会（Man-Environment Research Association），澳大利亚成立了人体环境研究协会（People and Physical Environment Research Association,

PAPER）。1981年，欧洲成立了国际人类及其物理环境研究学会（International Association for the Study of People and Their Physical Surroundings），每年召开一次会议，同时创办了《环境心理学杂志》（Journal of Environmental Psychology）。环境心理学学者赫勒翰（Holahan，1986—）总结了20世纪60年代至21世纪之间环境心理学形成的主要理论和应用成果，他认为20世纪80年代是环境心理学蓬勃发展的时代。1972年6月5～16日，在瑞典首都斯德哥尔摩召开联合国人类环境会议，后每年举办一次（见表1-1）。图1-7为2018年中国环境日主题。

我国关于环境心理学的研究起步较晚，20世纪80年代才逐步开始。这个时期派出访问学者去美国、英国、日本等国做短期访问考察和学习，引进了这一新学科。1984年，清华大学的李道增老师开设了"环境行为概论"课程。1993年，英国环境心理学家肯特（D.Canter）应同济大学杨公侠教授的邀请来我国讲学，先后在清华大学、同济大学和华东师范大学为学生授课。同年，哈尔滨建筑工程学院常怀生教授等人联名发表《关于促进建筑环境心理学学科发展的倡议书》，呼吁社会促进建筑环境心理学学科的发展。在常怀生、朱敬业、杨公侠、杨永生等人的倡导下，相关学者在吉林省召开了全国建筑与环境心理学学术研讨会。《建筑师》杂志（总第55期）专门为这次会议出版了一期专刊。这些关键性事件应该可以看作这门学科在我国开始的标志。此后，北京大学心理学系在为期一学年的应用心理学课程中开设了1个月的环境心理学专题讲授。

1995年，第二次建筑学与心理学学术研讨会在大连召开，会上正式成立了中国建筑环境心理学学会（2000年改名为中国环境行为学会）。此后，中国环境行为学会每两年在各地轮流召开一次学术研讨会。2001～2004年间，环境心理学作为北京大学全校通选课程开设过3次。1999年，华东师范大学的杨治良教授培养出多位环境心理学硕士、博士，他和俞国良教授合著的《环境心理学》一书出版。2000年，常怀生教授编著的《环境心理学与室内设计》一书出版。2001年，苏彦捷教授等编著出版了《环境心理学》作为高等院校心理学、社会学、环境与建筑设计等专业的教材。2004年，在北京召开了第28届国际心理学大会。大会之前在西安召开了跨文化心理学的卫星会议，同时为发展中国家环境心理学的青年研究者举办了培训。2008年，在国家林业局公益性行业基金资助的生态文明评价指标的研究项目中，对全国十座城市生态危机意识与环境满意度进行了调研。

表1-1　历年联合国环境署确定的世界环境日主题（2000～2018）

年份	世界环境日主题	中国主题
2018	"塑战速决"（Beat Plastic Pollution）	美丽中国，我是行动者
2017	人与自然，相联相生（Connecting People to Nature）	绿水青山就是金山银山
2016	为生命呐喊（Go Wild for Life）	改善环境质量 推动绿色发展
2015	可持续消费和生产（Sustainable Consumption and Production）	践行绿色生活
2014	提高你的呼声，而不是海平面（Raise your Voice Not the Sea Level）	向污染宣战
2013	思前，食后，厉行节约（Think. Eat. Save）	同呼吸，共奋斗
2012	绿色经济：你参与了吗?（Green Economy: Does it Include You?）	绿色消费，你行动了吗?
2011	森林：大自然为您效劳，为支持联合国国际森林年（Forests: Nature at Your Service）	共建生态文明，共享绿色未来
2010	多样的物种，唯一的地球，共同的未来（Many Species. One Planet. One Future）	低碳减排·绿色生活
2009	地球需要你：团结起来应对气候变化（Your Planet Needs You-Unite to Combat Climate Change）	减少污染——行动起来
2008	转变传统观念，推行低碳经济（Kick the Habit！Towards a Low Carbon Economy）	绿色奥运与环境友好型社会
2007	冰川消融，后果堪忧（Melting Ice-a Hot Topic?）	污染减排与环境友好型社会
2006	莫使旱地变为沙漠（Deserts and Desertification-Don't Desert Drylands！）	生态安全与环境友好型社会
2005	营造绿色城市，呵护地球家园！（Green Cities-Plan for the Plan！）	人人参与，创建绿色家园
2004	海洋存亡，匹夫有责（Wanted！Seas and Oceans – Dead or Alive?）	
2003	水——二十亿人生命之所系！（Water - Two Billion People are Dying for It！）	
2002	让地球充满生机（Give Earth a Chance）	
2001	世间万物，生命之网（Connect with the World Wide Web of Life）	
2000	环境千年——行动起来吧!（The Environment Millennium - Time to Act！）	

图1-7　2018年中国环境日主题

美丽中国　我是行动者

2009年，北京林业大学的朱建军教授和吴建平教授等翻译了一本经典的环境心理学教材《环境心理学》。同年，北京林业大学召开了第一届全国生态与环境心理学大会，并于2013年召开了第二届全国生态与环境心理学大会。2014年，中国社会心理学会成立了生态与环境心理学专业委员会。

　　随着全球化的发展，环境心理学的研究领域不断拓展和深入，前沿的研究还包括环境认知与心理健康；绿色、环保和健康的生活方式；发展与教育心理学的生态观研究；心理学对环境危机问题的思考；交叉学科的生态与环境心理学研究；生态文明与环境心理学等多个领域。新的研究成果所关注的具体环境分类主要包括：居住环境、工作场所、医院学校、大型社区环境、公共空间、虚拟环境以及类似空间站、极地研究站等极端环境（见图1-8～图1-10）。环境心理学将来的研究还会受到全球环境变化、新的信息技术、对健康的重视及社会老年化的进程等问题的影响。由此可见，相关心理学科的发展不断推进室内设计理念、方法、内容的更新；而新营造的室内环境又将成为新型现场实验室，为下一步的动态研究提供场所。

　　心理学作为室内设计的重要依据将得到不断发展。1997年，美国心理学家伊文·奥尔特曼（Irwin Altman，1930—）对环境心理学科存在的问题曾提出过总结，他认为相关研究者应经常回顾和综合以往研究成果，在后续的研究中应保持与以往研究形成延续性，避免研究内容之间彼此孤立，并适时地关注其他相关领域的研究和理论，能对关键性问题展开定期讨论。建筑师、设计师和心理学家跨学科的合作将成为专业发展的必然趋势。

图1-9　南极洲布鲁特冰架上的极地研究站

图1-10　阿蒙森斯科特南极站

图1-8　韩国张博果南极研究站

1.3　室内设计的良好品质

　　一个良好的室内设计不在于满足人们的所有需求，而是侧重于满足人们的某些需求。比如精心设计的教室重视促进师生之间、学生之间的互动交流；独立的办公室更注重让人可以专注于思考。精心设计的空间帮助人们达成某种明确的目标，使人们具有良好的精神状态。良好的室内设计通常遵循了用户的活动规律，提供齐备有序的家具和设施，能够传达用户的重要信息，反映场所主人的身份和品味位，并令置身其中的人们感觉舒适放松。

　　住宅、商店、办公室都可以拥有设计品质良好的室内空间。不同的场所需要采用不同的形式来达到理想的目标。品质良好的室内空间能够帮助人们顺利地完成他们的任务。比如一个宽敞有序、设备齐全的厨房能够按照你的意愿协助你烹饪出美味佳肴（见图1-11）。反之，试想一下，在嘈杂的菜市场完成一篇报告或者在候机楼练习舞蹈都是十分困难的。

1.3.1　良好的空间能够表达自己

　　人们待在某个属于自己的空间中会感觉更舒服，空间被布置成自己喜欢的样子，让人觉得安心和轻松。当我们实地看过一个住宅套间并决定购买它的时候，主要是因为它的形式让我们感觉到它可以成为一个安逸的家，住在里面我们会很愉快。室内的物理环境透露着主人的个性特点和兴趣爱好。一项针对美国中产阶级的心理学研究已经证明了这一点。在此研究中，通过观察拍摄的室内外照片，人们可以准确判断出房主的个性特点和自我形象。空间和人的特点保持了高度的一致性（见图1-12）。

　　室内空间以一种无声的语言与人们进行着交流，传递出有关主人的信息。当我们受邀进入一间私人办公室时，会通过观察从中寻找潜在的合适话题，并避免一些不合时宜的谈话内容。因此，在进行室内设计前，与未来使用者的沟通是十分必要的。假如使用者试图描绘出一幅属于自己的空间蓝图，你应该注意倾听并做好记录，如果能够在设计时将其体现出来，那么使用者在日后的生活和工作中会更容易收获幸福的感觉。反之，一旦场所与人们的意愿不符合，甚至是相反时，待在里面的人就会觉得不舒适。研究证明，超过6岁的儿童和成年人都需要居住在能够代表自己的环境中。职员在能够代表其意愿的场所中工作将提升他们的幸福指数。

1.3.2　良好的空间能满足社会交往需要

　　人类是社会性的动物，适当的社会交往活动有益于人们的心理健康。物理环境在不知不觉中影响着人们的社会交往活动。比如在拥挤的地铁或高铁等候室里，人们的个人空间受到侵犯，这时人们尽量选择坐在自己的位置上，避免与他人进行眼神上的交流。当需要独立思考时，人们也选择坐在自己的办公桌前，避免与他人进行交流（见图1-13）。空间隔断、座椅摆放的方式等都

图1-11　一个良好有序的厨房设计

图1-12　居室的设计布局，人们选用的家具、陈设、植物表达了主人的个性和喜好

在影响着人们的交流方式。在客厅里，柔软的沙发围绕着茶几布置，人们可以舒适地坐在那里，彼此面对面近距离地交谈（见图1-14）。大家庭的圆台面也十分适用于当今的大型住宅。当亲朋好友聚在一起吃饭时，大家可以舒适地交谈和用餐。

当今城市中高层公寓的居住方式与以往的街坊邻里空间相比，人与人的接触少了，相对更孤立了。一些公寓建筑尝试设置集中的就餐区域，让邻居们可以在那里享受共同的早餐。公寓楼的一层设置了摆放沙发的前厅和可供小憩的花园，人们可以在那里稍做停留，与经过的邻居们进行交流。

1.3.3　良好的空间让人获得掌控感

室内空间的基本作用是为人们提供一个安全、舒适的庇护所，让人们能够从生活和工作中获得片刻的喘息，减轻生活中的紧张感。无论是住宅还是办公室，当人们能够掌控周围的空间时，他们会感觉更舒适。反

之，人们就感到压抑、沮丧和泄气。不同时代，不同的文化背景，不同性格决定了人们掌控欲望的不同水平。掌控是指人们改变空间的能力。事实上，对空间环境具有掌控的感觉是最关键的，并非一定有所行动，这样人们也能获得心理上的满足感（见图1-15）。确保个人隐私是最重要的掌控能力。隐私是人们在社会交往时的一种选择性。对于空间设计而言，隐私可以分为听觉隐私和视觉隐私两种类型。听觉隐私是指人们既听不见其他人说话，自己说话的声音也不被其他人所听见。视觉隐私是指人们既看不见其他人，也不被其他人所看见。

无论是在家中还是在办公室，我们都需要相对独立的空间能够独处。独处时，我们才能静下心来想一些重要的事情，使新旧记忆融合在一起，产生一些新的想法。独处有利于人们恢复精力，重新焕发出活力（见图1-16）。在住宅中，浴室通常是唯一能够让人们独处的场所，因此，在居家环境中，设计一个能令人放松的浴

图1-13　在分隔的办公单元里人们可以更专注地工作

图1-15　在个人办公室可以通过调节百叶窗控制亮度

图1-14　人们在客厅里围坐着聊天

图1-16　独处有益于人们恢复精力

室是十分重要的。另外有研究表明，8～12岁的儿童通常很希望能够拥有独立的卧室。

设计师对空间的把握受其个人感受、偏好以及设计能力的限制。空间中的光照水平、室内温度、墙壁的色彩、家具造型等物理要素的选择实在太多了。当业主认可设计师对采光设计做出的判断时，设计师会感到满足，得到激励；当受到人们的质疑时，会感到沮丧。设计师并不能一直做出完美的选择。因此，设计师进行空间设计时，要考虑到为用户提供一些掌控空间环境的实

图1-17 带有轮子的茶几

图1-18 三亚海棠湾洲际海底酒店

践机会。比如，使用装有轮子的家具会有助于人们重新规划工作场所（见图1-17）；提供复杂、可变的照明系统，方便人们根据需要调整成所需的灯光色彩。

1.3.4 良好的空间具有恢复性的功能

过度用脑和疲劳都会让人变得注意力不集中，容易发怒和冲动。美国密歇根大学的雷切尔·卡布兰教授提出了空间的恢复性功能。他认为具有恢复功能的场所能够帮助人们储备脑力能量。这类空间通常有以下几个特点：第一是拥有很好的视野，可以让人们眺望远景；第二是这个空间极具吸引力，想起它就会让人感到愉快而轻松；第三是这类空间能方便出入，功能明了，人们无需动脑筋就知道如何使用。英国乡村花园就是具有恢复功能的场所，景观很小，却拥有许多吸引人们注意力的植物、花卉和其他元素。这类空间可以有无数种形式，并不局限于绿色空间。精心设计的博物馆也能帮助人们恢复注意力和能量。这类空间的根本特点在于令人拥有愉快的经历。

人们可以创造出具有恢复功能的空间，它们便于使用，安全简洁，令人心情愉快。它可能是个安静的环境，拥有视野开阔的窗，窗口附近摆放着植物盆栽，有舒适的座椅，有精致布景的鱼缸（见图1-18）。研究发现，事实上，纯粹的自然景观并不是最有利于人们从脑力疲惫中恢复过来的。更多的观察研究表明，那些能够让人们明确如何进入的景观空间，并且在附近可以看到人文迹象的空间是人们最向往和最利于脑力恢复的室外景观。

生活中有许多环境会使人产生压力，比如噪声、过高的温度或照明度带来的紧张感。当人们处于压力状态下，免疫系统就无法进行正常工作，人们也无法使自己获得舒适的体验。压力使人们无法集中注意，缺少创新思维，缺少必要的脑力能量，无法很好地处理所有可供使用的信息资源。处于压力状态的人们没有足够的脑力和精力去关心他人，因此，不太可能展现出友好的一面，更不会全心全意帮助别人或与他人很好地合作。这种状况下，具有恢复型功能的场所并无法直接减轻或消除人们的压力，只能起到适度缓解压力、改善心情、调节情绪的作用。

1.4　信息资料的收集方法

设计师有时间和资源时可以运用一些有效的研究方法，选择合适的设计目标，来收集一些有益于空间设计的信息。设计师为其他人设计的空间不能只适合自己的喜好，室内空间设计的目的是符合使用者的需求，假如设计师忽略了使用者的需求，那么设计出来的空间很可能是失败的。设计师要知道在某一空间中需要完成哪些事情，在完成这些事情的过程中使用者如何才能得到满足。设计师可以按照常规的方式来提问：什么时间？谁？在哪里？做什么？为什么以及怎样做？这些是进行新的空间设计前所要了解的最基本的问题。可以通过以下方法来进行信息的收集：调查法、访谈法和观察法。

1.4.1　调查法

调查法是通过调查问卷进行数据与资料收集的研究方法。调查问卷的优势在于比较容易设计和分发，不需要调查者有很高明的技巧，可以同时对大量人群进行测试，也为被调查者提供了一定的自主性。如果项目预算紧张，调查问卷是比较好的选择。调查问卷的关键是需要设计多样化的选择题。要设计一个好的问卷，需要研究者具备丰富的经验，因此很多研究者更愿意使用别人已经编制好的现成问卷。比如压力知觉问卷（Cohen, Kamarck & Mermelstein, 1983）。我们可以借助问卷星等在线调查工具来实施调查，并可以运用Excel等软件工具来分析收集到的有效信息。

如果准备了纸质的问卷，那么，最好分发给有差异的人群。这个群体给出的答案会显示出问卷上的提问是否合适。通常情况下，人们很少花超过10分钟的时间来完成问卷，除非他们对这份问卷的内容特别感兴趣。调查问卷需要阐明此次调研的目的、调研者的身份，让参与者明白收集到的信息是不会对外公布的。在设计问卷题目时应从客观的角度提出问题，问题中不要使用专业术语，因为几乎很少有外行能理解这些术语。尽量把问题设计成多项选择。如果设计太多开放式的问题，人们通常不会写出你满意的答案。采用问卷调查的方式来解决诸如人们会在特定空间中展开什么活动或是是否会在空间内使用多媒体设备这类的问题是十分便捷的。但是，当你希望人们能够对问题做出进一步的解释和回应时，就无法通过调查法来实现了。对于个人的专门访谈会是比较好的方式。

图1-19　设计中可采用个人或多人的访谈方法

1.4.2　访谈法

访谈法是研究者与被访者进行直接或间接的问答式交流的研究方法。访谈所需耗费的时间比填写问卷要多得多，通常一次只能访谈一个人，需要人们利用一定的时间事先做好规划和指导。访谈需要技巧和经验。如果被访者回答不清楚时，访谈者可以请对方做出解释。相较于填写问卷，访谈时人们更愿意说实话（见图1-19）。

室内设计的访谈中有一个基本原则就是不要向人们提出问题后却忽视他们告知的消息。这会使他们对所设计的空间感到气愤和不满。即便设计师无法在设计中一一满足他们的需求，也需要对他们的关注点予以认可。设计师可以让用户参与到设计工作中，这样有助于了解他们的关注点。

个人专访是收集设计信息的最佳方式。适合在采访时提出的问题包括："为什么你对设计这个空间这么感兴趣？"问题的答案将反映出使用者最看中空间中的哪些元素。"你印象中待过的最棒的空间是什么样的？"当对方回答了某个具体的场所时，可以继续引导问一些有关空间设计更具体的细节问题，比如"你能记起这个场所是什么颜色的吗？那里使用什么风格的家具？空间中有什么味道吗？你能记起空间中采用了什么材质吗？有没有配背景音乐？"具体的问题会给设计师更多有用的建议。此外，还可以了解一下使用者在糟糕场所中的体验，了解这个经历对新的设计是非常有帮助的。无论设计的是什么类型的空间，设计师也可以问一下被访者最喜欢的空间视觉效果是哪种，比如"你认为在怎样的空间里能够发挥出最佳的工作状态或能与家人最愉快的相处？"等。

提问时可以根据问题的重要性来设置提问顺序。事先写好采访时要提出的问题，并把它们熟记于心，这将有助于采访的顺利进行。采访过程进行得很顺利的时候，被访者会自发地提供一些附加信息，此时，千万不要打断他。如果被访者没有根据提问来回答问题，而是自发地提供了其他有价值的信息，也不要打断他。因为采访的目的就是为了获取有用的信息。采访过程中还可以利用录音机或录音笔进行采访录音。假如被访者提供其他有价值的，可以用数码相机或手机相机拍摄下来。采访的时间不宜超过45min，整个采访过程应尽量让被访者说话，采访者保持安静、愉快的倾听状态。采访成年人时可以采取一对一的形式，但是任何情况下都不要单独采访孩子，采访孩子只有在监护人或家人陪护的情况下才可以进行。

1.4.3 观察法

观察法是研究者通过观察、拍照、录影等方式记录被试行为规律的方法。观察法可以研究人们是如何与他们周围的世界进行交流的。观察法的优点是可以提供人们在环境中的行为方式的第一手资料。为了能够系统观察环境行为，观察时所运用到的工具包括平面图、地图、照片、照相机、录像机、绘图笔记本等。观察法可以让研究者看到人们自己都没有意识到的行为和反应（见图1-20、图1-21）。

观察法也有不足之处。研究者要对所收集的信息进行解释，然而解释的内容未必和被观察者的行为目的完全一致。此外，观察法需要观察者在行为发生时必须在场，耗时费力。当直接观察不够便利的时候，使用设备是很好的方法。摄像机、录像机等影像设备可以把环境、行为和时间记录下来供研究者重复观看和使用。工程师、建筑师和设计师还有更专业的设备可以测量整个环境，比如噪声、温度、湿度、空气成分等。观察法可以揭示出空间使用者如何通过改善环境实现自己的目标。

事实上，有些信息只适合用观察法来进行收集。比如人们是如何在空间中移动的。在进行观察前，我们需要先制定一个记录有意义活动频率的表格，比如人们在酒店中庭花了多少时间停留，停留过程中发生了哪些行为和活动。观察的过程实质上就是分析与设计项目相关的信息。有时候，在观察的基础上，我们需要进行个人访谈，对观察到的特殊举止展开进一步的理解和分析。

观察法有助于我们理解通过其他方式收集到的信息。通过观察能发现人们是如何通过完善环境来满足自身需求的。当设计师为特定人群设计空间时，这些信息是非常有用的。观察不同空间中"寻常的"和"极端的"案例是很有趣的。将两者进行对比分析，通常会得到一些有趣的研究结论。比如观察在角落空间里工作和在一般空间里工作的职员与他人交流的频率。

当我们在进行观察时，被观察的人们会想要了解你的目的。所以设计师需要事先告知他们，为了掌握更多有关空间的情况，在未来几天里会对空间进行观察。在他们理解的情况下展开观察就比较顺利。

图1-20 教室空间的行为观察记录

图1-21 心理学实验室的观察记录

1.5　心理学的基础知识

1.5.1　人的大脑

人类大脑在人类长期进化过程中逐步发展成为人体器官中最微妙的智能器官，使人类拥有思维和意识。人脑只占身体总重的2%～3%，但在身体休息而不活动时，大脑的能量消耗却占全身的25%。人脑与动物的大脑相比，最显著的特征是人脑具有深深的沟回、精密的结构以及由此产生的抽象思维能力。人脑的结构包括左、右两个脑半球及连接两个脑半球的中间部分。人脑半球被一层灰质覆盖，这层灰质称为大脑皮质，皮质的深部由神经纤维形成的髓质或白质构成。左右脑两部分由3亿个活性神经细胞组成的胼胝体联结成一个整体，不断平衡着外界输入的信息，并将抽象的、整体的图像与具体的逻辑信息连接起来。

人的左脑和右脑形状相同，功能却不同（见图1-22）。左脑主要负责用语言处理文字和数据等抽象信息，并把感官系统接收到的信息转换成语言来传达，主要控制判断、思考。右脑主要负责处理声音和图像等具体信息，具有直观的整体把握能力、形象思维能力、独创性及灵感和超高速反应等。右脑能够将信息进行图像化处理，所以右脑的照相记忆速度远远高于左脑。左脑发达者在社交场合比较活跃，善于判断各种关系和因果，善于统计和辨识方向。右脑最重要的贡献是创造性思维。

现代科学研究表明，人脑工作时会产生脑电波。α（阿尔法）脑电波的频率为8～12Hz，是大脑处于完全放松的状态下或是在心神专注的时候出现的脑电波。β（贝塔）脑电波的频率为14～100Hz，它是一般清醒状态下大脑的波动情况，在这种状态下，会出现逻辑思维、分析以及有意识的活动。θ（西塔）脑电波的频率为4～8Hz。这个阶段的脑电波为人的睡眠的初期阶段。δ（得尔塔）脑电波的频率为0.5～4Hz。它是人在深度睡眠阶段出现的脑电波。此时人进入一种呼吸深入、心跳慢、血压和体温下降的状态。

人类在感受刺激时是由多个通道的感觉信息共同传递给神经中枢的。因此，室内设计必须考虑使用者的感觉特点，并整合各通道的特点，以提高室内环境的舒适度和体验效果。

1.5.2　人的感觉

史前的很长一段时间里，人类是生活在草原上的。人类没有猛兽的尖牙利齿，在动物世界里是被捕猎的对象。这样的经历对人的感官系统产生了根深蒂固的影响，至今仍然影响着人对周围环境的感觉和反应。比如，我们不喜欢把后背暴露在一个类似于门的开放空间，更倾向于在稍微高一些的地方睡觉，而不是紧紧贴着地面。人的生理感受在很多方面影响着生活，这些感受大多与进化的过程有关。在远古，火光产生的温暖光线能吸引人们靠近，这个法则被运用在商店的背景墙上，通常漆成红色或橘色的暖色墙面会吸引人们走向商店里面的展柜。人们喜欢坐在看起来有庇护同时视线良好的地方，在餐厅里人们总是优先选择靠近柱子和墙并能够拥有良好视野的位置（见图1-23）。拥有较低天花板和昏暗灯光的角落空间也受到不少人的喜欢，因为这种空间能让人感到安全和放松。能够提供庇护的场所对人类的进化和发展起到重要的影响。

图1-22　人的左右脑负责掌控不同的功能

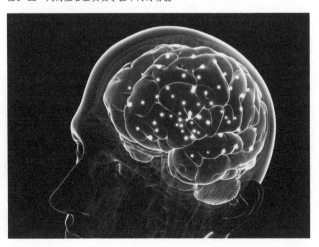

图1-23　人们优先选择坐在临近墙壁的位置

感觉是对于物理世界能量的初步探测。人的感觉系统包括眼、耳、鼻、舌等感觉接收器、神经通路和大脑中的相应感知区域，形成了视觉、听觉、嗅觉、味觉和触觉的五种基本感觉。感觉接收器受到物理和化学刺激后便会产生相应的感觉信号（神经信号），再经过神经网络传输到人的大脑进行情感化加工处理完成感知的过程。感觉是人类感官系统对一个声音或一束光线等简单刺激进行反应时所产生的相对简单的活动。有了感觉人们才能相应地做出反应。比如一个人对石库门建筑怀旧风格的装饰或者巴洛克风格的室内装饰所产生的意识和评价都是建立在他的感觉之上，而这种感觉又都是建立在光线作用于眼球视觉细胞的结果。感觉是其他心理现象的基础。

感觉并不依赖于个人的经验和知识。心理物理学研究物理刺激与物理量之间的关系，目的旨在了解物理刺激与其产生的心理行为和体验之间的关系。著名的德国物理心理学家古斯塔夫·费希纳（Gustav Fechner，1801—1887）开创了心理物理学，并提出测量物理刺激强度和感觉体验大小之间关系的方法。根据费希纳的测量方式，研究者确定了感觉阈限。

感觉阈限是指外界引起人体感觉的最小刺激量，包括绝对感觉阈限和差别感觉阈限两种。绝对阈限是指人的感觉器官受到某种刺激时刚刚能够引起反应或刚刚能够引起停止反应的最小刺激量（见表1-2）。差别感觉阈限是指区别两个强度不同的刺激需要的最小差异值。

当人的一种感觉器官受到刺激时，可能会对其他感觉器官的感受造成影响，这种现象称为感觉的相互作用。试验发现，微光刺激能使听觉感受提高；微弱的声音或气味刺激会使视觉感受有所提高。一般的规律是，对一种感觉器官的弱刺激能提高另一种感觉的感受，而强刺激则恰好相反。心理学试验中，研究者使用各种测量仪器对人的感觉进行测量和记录（见表1-3）。感觉的相互作用在实际生活中具有重要意义。美国心理学家加德纳（W. J. Gardner，1912—2002）研究表明，放音乐可以减轻牙科手术中病人的疼痛感，窗外的景色可以缓解患者的紧张情绪（见图1-24）。同理，博物馆、展览厅、市场可以通过播放音乐来增强视觉效果。英国餐馆的研究表明，顾客享用晚餐时播放古典音乐可增加顾客的逗留时间和消费支出（见图1-25）。

表1-2　人的感觉阈限

感觉	感觉阈限
视力	在晴朗黑暗的夜晚，48m 外的烛光
听力	在 6m 外一间安静的房间里，一只手表的滴答声
嗅觉	三个房间的公寓里有一滴香水
味觉	2gal（7.6L）水中的一茶匙糖
触觉	一只蜜蜂的翅膀从 1cm 高度落在脸颊上

表1-3　感觉体验测量对应表

感觉类型	测量项目	测量仪器
视觉	颜色	测色仪
	光强	光度仪
	眼动	眼动仪
	方向	量角器
听觉	音强	声压机
	音频	FFT 仪
肤觉	软硬	体压分布仪
	粗滑	粗糙度仪
	温度	温度计
	湿度	湿度计
触觉	重量	电子秤
	速度	测速仪
	方向	指南针
	力量	肌电仪

图1-24　牙医诊所的大玻璃窗可以让患者放松心情

图1-25　餐厅选择的音乐与风格统一

人的某种感觉缺失或受损后，其他感觉会予以弥补。比如聋哑人的视觉特别敏锐；而盲人的听觉和触觉特别敏感。不同感觉之间之所以能够相互补偿是因为在一定条件下不同形式的能量可以相互转换。

联觉是指一种感官通道在接受到刺激的同时引起了另一种感官通道的感觉，正如看到了火红色的岩浆便会感觉到热量（见图1-26）。通过形状、气味、声音或者味道感知到色彩也是常见的现象。当一个人听见钢琴弹出一个音符时，眼前出现某一种色彩，其他的音符则引发不同的色彩，因此，钢琴的琴键就像是标上了颜色一样，让人容易记住以便弹奏音阶（见图1-27）。

图1-26 装饰成岩浆效果的吧台结合灯光释放出火热的感觉

图1-27 人们对音乐的感觉可以用色彩来区分

思考与延伸

1. 如何理解环境心理学相关理论对室内设计的重要意义？
2. 你认为良好的空间应该具备哪些特质？请举例说明。
3. 为新的设计项目进行一次有计划的个人专访，记录下你的心得体会。
4. 何种场景会令人感觉耳目一新？为什么？

第 2 章 人的视觉与室内设计

　　每天都有大量的信息围绕着我们，我们需要有选择地对这些信息进行分析。通常，这些选择是人们下意识的反应。通过感官系统到达我们大脑的信息对我们的情绪影响很大，我们接收的所有信息都很重要，因为只有将各种感受混合在一起，我们才能获得完整的体验。视觉作用是我们要介绍的第一种感觉，室内空间的体积、形态、光影、色彩，以及其他人的活动等都需要依靠视觉来捕捉。室内设计空间的视觉效果一直都是关注的重点。在设计过程中，设计师一般都会对空间中所有的视觉元素进行反复推敲，直到做出令人满意的效果。

2.1　视觉的基本特点

　　视觉是人类和其他动物最为复杂而高度发展的重要感觉。视觉能力好的动物具有极大的进化优势。视觉使人类能够觉察外界物体的大小、形状、色彩、动静等各种信息和物理环境特性的变化，并采取相应的行为，获得对集体生存具有重要意义的各种信息。

　　人的眼睛就像一台照相机。照相机通过收集和汇聚光线的透镜观察世界。眼睛也同样具有收集和汇聚光线的能力。光线穿过眼睛的角膜，经过充满房水的前房，再穿过瞳孔和玻璃体，最后投射到视网膜上（见图2-1）。眼睛的关键作用是把光波转换为神经信号。视力是视觉器官对物体形态的精细辨别能力。视力的强弱会直接影响人们对环境空间形态的全面感知。近视或远视都对空间的观察不利。人眼的视觉感知特性主要包括形觉、视敏度、色觉、空间感受性、明暗适应、马赫带、视觉后像和闪光融合等内容。

　　形觉是视觉系统重要的感觉功能之一，是人的眼睛辨别物体形状的能力。形觉的产生首先取决于视网膜对光的感觉，其次是视网膜能识别出由两个或多个分开的不同空间的刺激，通过视中枢的综合和分析，形成完整的形觉。视敏度是指眼睛分辨物体细微结构的最大能力。色觉是视觉功能的一个基本而重要的组成部分，是人类视网膜锥细胞的特殊感觉功能。正常人视觉器官能

图2-1　人眼的构造及工作原理

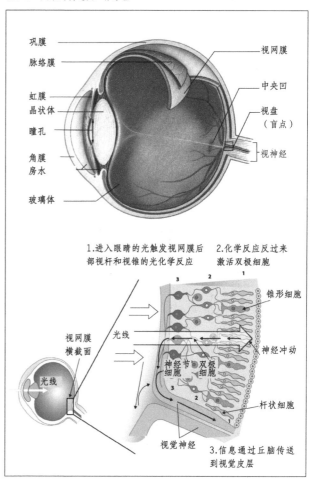

辨识波长390~780nm的可见光，一般可辨出包括紫、蓝、青、绿、黄、橙、红7种主要颜色在内的120～180种不同的颜色。视觉的空间感受性是指视觉能将外部影像传输到眼睛及视觉系统其他部分，是形成外部世界空间表象的基础机制。明暗适应是指视网膜的视感度在明处降低（明适应），在暗处增大（暗适应），从而可以在很宽的照度范围保持适当的视感度。视觉的明暗适应能力在时间上是有较大差别的。通常，暗适应的过程约为5～10min，而明适应仅需0.2s。这就是为什么隧道入口需要更强的照明来帮助司机快速适应隧道内黑暗的环境（见图2-2）。马赫带现象（Mach band effect）是奥地利物理学家马赫发现的一种明度对比的视觉现象。当观察两块亮度不同的区域时，边界处亮度对比加强，使轮廓表现得特别明显。这是一种主观的边缘对比效应（见图2-3）。视觉后像是指光刺激作用于视觉器官时，细胞的兴奋并不随着刺激的终止而消失，而能保留一段短暂的时间的现象。这种在刺激停止后所保留下来的感觉印象称为后像（Afterimage）。闪光融合（Flicker fusion）是指当刺激不是连续作用而是断续作用的时候，随着断续频率的增加，感觉到的不再是断续的刺激，而是连续的刺激的一种景象。我们看到一系列的闪光，当每分钟的次数增加到一定程度时，人眼就不再感到闪光，而感到是固定或连续的光，在视觉中，这种现象称为闪光融合现象。这些视觉感知特性是人们观察事物、感知空间、审美评价和产生视错觉的生理基础，对研究室内视觉效果具有重要意义。

图2-2　通过加大隧道口照明亮度让司机的眼睛尽快适应隧道内较暗的环境

图2-3　马赫带现象

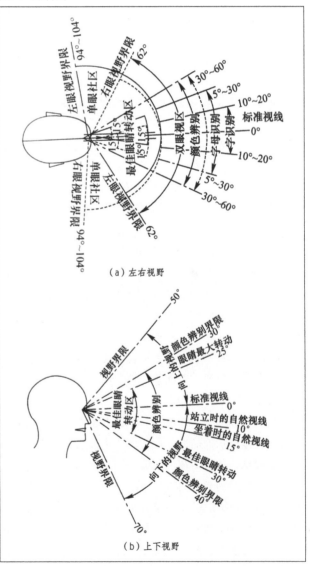

2.2　视野和可视性

视野是人单眼注视前方一点不动时所看到的范围。从三维角度看，人的视域范围大致呈圆锥体，通过转动眼球和脖子调整视野范围。假如不转动眼球，我们只能看见很小的范围。接近30°～60°的视野被称为中央视觉，能明确地分辨出物体的形态，用来直视事物，观察细节。周边视觉展现视野中的其他区域，也就是人眼能看到的周边区域，视野达到120°时，周围物体逐渐模糊（见图2-4）。

图2-4　人的视野

（a）左右视野

（b）上下视野

美国堪萨斯大学的最新研究表明，多数人低估了周边视觉对于人们理解事物的重要性，人对环境的整体认知主要依赖周边视觉而非中央视觉。研究人员准备了厨房、客厅之类常见场景的照片，将一些照片的四周遮住，将另外一些照片的中央遮住，并向被试者展示这些照片，让他们判断看到了什么场景。他们发现，中央被遮住的照片依旧容易识别，而对于那些周围被遮住的照片，人们分不清是厨房还是客厅（见图2-5）。另一项研究进一步证实了这一推测。2009年，迪米特里·贝勒（Dimitri Bayle）通过让被试者观看被遮挡的恐怖照片，测定人类大脑杏仁核的反应速度。如果照片放在中央视觉区域，杏仁核的反应时间为140~190ms；如果放在周边视觉区域，反应时间仅为80ms。这说明人类的视野都在特定的范围内。当一个空间设计得当时，人的眼睛可以清晰、舒适地辨识事物和环境，比如巨幕电影院。反之，则容易出现疲劳等不适症状。

人类在自然界中的进化过程决定了人类本能的热爱自然。建筑室内空间的窗户使人们获得良好的视野，从窗户向外欣赏外部环境风景，可以满足人们与大自然接触的需要，由此了解天气情况、时间、所处季节和朝向。研究表明，人们倾向选择日光作为照明光源，并优先选择可以看到外部自然风景的房间。

拥有充足和愉悦的视野的室内空间更有益于人的生活、工作和学习。对美国加利福尼亚州8000名小学生的研究表明，良好的视野可显著提高学习成效。对美国能源部两栋建筑物2000名员工的调查也表明，在工作区域范围内有窗口视野的员工患病态建筑综合征的比例比无视野的员工低10%~20%。对住宅业主的研究表明，可以看到自然风景的居民都比较幸福，而且对自己的家也更满意。对老年退休妇女的研究表明，相比看不到自然风景的居民，看到自然风景的居民血压和心率更低。2000年，在一个住宅区进行了"居家有自然相伴"的研究，邀请有孩子的家庭到可以看到更多绿色空间风景的公寓居住。搬家后4个月，父母表示与之前相比，孩子们的注意力紊乱症状明显减少（见图2-6~图2-9）。

图2-5 中央视觉成像与周边视觉成像的对比
周边视觉的成像范围要大于中央视觉的成像范围，有利于人们整体地进行观察

（a）中央视觉的成像

（b）周边视觉的成像

图2-6 看得见风景的书房1

图2-7 看得见风景的书房2

图2-8 博物馆的设计能看到自然景观的中庭，有助于人们缓解长时间看展的视觉疲劳

图2-9 优美的城市风景与良好的自然景观一样，具有令人放松心情和缓解压力的作用

图2-8 博物馆的设计能看到自然景观的中庭，有助于人们缓解长时间看展的视觉疲劳

图2-10 海南三亚湾海居铂尔曼酒店的餐厅

图2-11 没有设置窗户的巴黎万神庙给人一种肃穆、沉重的感觉

人们站在室内能够舒适地欣赏到室外的美好风景是一种享受（见图2-10）。室内设计与其他设计一样最重要的任务之一就是满足人们视觉上的需求。唐纳德·诺曼教授对产品设计提出的可视性原则同样适用于室内设计。室内可视性原则表现在人们能够轻松地认清自己在空间中所处的位置，能够判断方向，寻找到道路或目的地。一栋没有窗户的建筑物，无论外表有多华丽，也会令人感觉窒息和压抑（见图2-11）。可视性设计强调空间保持必要的视觉上的通达性，保证人们从一个或多个位置能够看到的范围和可见度（见图2-12）。视线通透的建筑物给人的感觉是明朗、开放的，能够增强人们的安全感，使其更安心地进行活动。视线通透的室内空间更容易营造出宽广、明快的氛围。在城市街道空间的塑造中，保持可视性也是十分重要的原则。连续的实墙遮挡住人们的视线，常常使街道陷于沉闷和乏味的气氛中，相较之下，视觉通透的围墙和能看到橱窗的商铺构成的街道空间则显得更生动、有活力（见图2-13）。

图2-13 有橱窗的街道更具有吸引力

图2-12 采用玻璃隔断的办公室，美国纽约市梅多斯办公室内部办公室和展厅

2.3　本能的向光性

自然光即阳光，由散射光、反射光和折射光组成，是自然界中动态变化的光线。自然光的强度、方向和频谱随着时间和天气的变化而变化。在建筑室内环境中，光环境有着重要的作用。光是视觉感知的基础，在有光的环境中，人们才能感知客观物质世界。光使人感受到色彩、判断空间距离的远近、辨别物体的尺度和质感。

向光性是人类的视觉与本能的特性。阳光使人身心健康，心情愉悦。阳光中的紫外线可以杀灭空气中的细菌，许多霉菌在阳光下无法成活。紫外线还能杀死皮肤上的细菌，增加皮肤的弹性、柔软性和抵御外来细菌的能力。紫外线还能刺激机体的造血功能，促进钙、磷代谢和体内维生素D的合成。阳光中的红外线可透过皮肤到皮下组织，对人体起到热刺激作用，加快血液流通，促进体内新陈代谢，并有消炎、镇痛的作用。缺少阳光的日子会使人脑释放一种忧激素，使人困乏，情绪低落。阳光是最好的兴奋剂，能调节人的情绪，振奋精神，减轻忧郁症状，提高生活情趣和工作效率，改善人体的各种生理机能（见图2-14）。医学研究表明，阳光可以停止一些癌细胞的生长，其中包括皮肤癌、淋巴腺癌、乳癌等。充分接受阳光可以增加体内的维生素D含量，科学家认为这就是导致癌变率下降的原因。室内环境中，即使有些光源可以构成与阳光相当接近的频谱类型，但无法模仿出日光在自然变化中每天和每季光谱质量的自然变化，因此无法替代阳光的作用。

小贴士

» 瑞典和丹麦的科学家发现，阳光中的紫外线能够将患淋巴腺癌症的危险降低30%～40%。美国墨西哥州大学的研究发现，接受阳光照射降低了恶性黑色素癌病患者的死亡率。此外，生活在阳光明媚的环境里的人，患乳腺癌的概率也会大大降低。

图2-14　阳光房通常是住宅中最具魅力的空间

一项研究发现，在有充足阳光的教室中学生的记忆力要比人工光源照明教室中的学生高30%以上。1999年，一项自然采光与销售额相关的研究表明，自然光营造了良好的消费环境，销售额相对提高40%。对此照明研究中心给出了生理学原理解释：自然光可以抑制人体中褪黑色素的产生，这种色素能够调节人体内部的生物钟和生理周期。保持正常的昼夜节律对于人的身体和心理健康具有重要的作用。人类的昼夜节律与时钟并不同步，人类昼夜节律每天会慢18min。昼夜节律的正确调整需要外界因素，特别是阳光因素的作用。人们被阳光包围，身体本能地与每日循环、变化的自然环境相联系，阳光的作用如同生物激素，影响睡眠、情绪、生产率、警觉性和幸福感。在没有自然光的建筑里，人体生物钟可能还处在黑夜当中，所以身体和情绪会出现紊乱、精神状态不佳、工作效率低下的情况。调查表明，在阳光充足的办公室工作的人员心情舒畅，工作效率要高于无阳光房间的同类人员。这是因为阳光能刺激大脑释放出大量可以产生愉快感的化学物质，调节情绪，使精神振奋，心情舒畅，人的行为也变得积极而充满活力（见图2-15、图2-16）。

图2-15　充满阳光的教室

图2-16　充满阳光的琴房

图2-17　充满阳光的会议室

室内对自然光亮度的利用称为采光。采光分为直接采光和间接采光。直接采光指采光窗户直接向外开设；间接采光指采光窗户朝向封闭式走廊，间接利用其他采光房间的光亮。在室内设计中，利用自然光线来烘托环境氛围，营造空间情感和性格是设计师常用的手法（见图2-17）。

光线的巧妙运用可以激发人们对空间的许多感触。

日本建筑师安藤忠雄设计的光之教堂在完全封闭的建筑外墙上，开设了十字镂空，自然光线穿过玻璃投射进来，由光线所构成的十字与黑暗的室内空间形成强烈的对比，为原本平淡无奇的空间营造了一种神圣感（见图2-18）。安藤忠雄在谈到光之教堂的时候说："在这里，我准备用一个厚实混凝土墙所围合的盒子形成'黑

图2-18　安藤忠雄的光之教堂

暗的构筑'。然后在严格的限定中，我在一面墙上划开了一道缝隙，让光穿射进来。这时候强烈的光束冲破黑暗，墙壁、地板和天花，截取了光线，它们自身的存在也显现出来。光线在它们之间来回冲撞、反射，创造着复杂的融合。"

黑暗能引起人们最本能的恐惧，光之教堂特意提供一个处于黑暗中的环境，唤起人内心本能的不安感。教堂内唯一能消除恐惧的地方便是墙面上巨大的光十字，在环境空间给予人强烈的不安感下，光十字代表了光明与希望。从美学角度来看，自然光能创造出人工照明无法替代的自然环境。更重要的是，人们可以透过窗户享受到室外美景，获得有关天气、自然环境的视觉信息，在紧张工作之余，舒缓神经，舒畅心情。一个好的自然采光设计应该能够利用这些变化创造良好的光照效果，丰富室内光环境（见图2-19）。

阳光是宝贵的，尤其是在日照比较少的地区，更应该珍惜利用阳光光照。光照度较低地区的建筑环境设计中应合理选择室内表面的颜色和反光系数，以便达到

图2-19　商场采用玻璃顶棚获得良好的采光

较好的室内环境视觉效果。人用眼睛感觉光，不佳的光环境会造成眼睛疲劳、功能退化。儿童近视的主要原因就是在光环境不良的条件下用眼过度。光照度较低地区的建筑环境设计中要合理选择室内表面的颜色和反光系数，以便达到较好的室内环境视觉效果。反射性好的材料可以把光反射到建筑内部。

传统的住宅建筑的采光需求都是基于简单规则，如窗户与地面的面积比例确定为1:10。但这种需求不能确保日光在房间内有充足或正确的分布，此方法不足以满足高日光品质的要求。人每天需要有一定的时间能够沐浴到阳光，建筑设计时保留充足的开窗或者在屋顶打开天窗都是引入阳光的好方法，窗子与天花板的距离越近，阳光照射到人的概率就越大（见图2-20~图2-23）。

我国相关标准规定，每套住宅至少应有一个居住空间获得日照；老年住宅、残疾人住宅的卧室、起居室，医院、疗养院半数以上的病房和疗养室，中小学半数以上的教室应能获得冬至日不少于2h的日照；托儿所、幼儿园的主要生活用房应能获得冬至日不少于3h的日照时间。建筑设计首先应满足规定日照时间最长建筑的朝向位置，然后才是其他建筑的朝向位置。

图2-21 具有隔声、耐火性、抵抗极端天气和防盗系统的屋顶窗，可以完全开启，把阳光引入室内

图2-20 南非开普敦的度假公寓

图2-22 加拿大游艇公司费雷蒂游艇108-ITA型号的舱内设计

图2-23 澳大利亚悉尼市某豪宅

2.4 照明的心理效应

自然光为我们的人工照明设计提供启迪。雨后彩虹让人感到安宁、清爽，七色的光彩衬托出更加清澈的天空，火山熔岩的火光则具有滚烫的能量，让人心生敬畏之情。自然光的魅力一直令人着迷和向往。室内照明设计长久以来一直是一项重要的工作，设计师们不断探寻着光环境与人心理之间的秘密。著名的美国建筑师路易斯·康说过："设计空间即是设计光"。

自从爱迪生发明灯泡以来，人造光源和各类照明灯具已得到长足的发展，照明使人们在黑夜中辨识物体和方向，丰富了人们夜晚的生活，使建筑的室内空间充满活力和可能性。如今，人们对不同光源、照明方式的需求也趋于多样化。照明的舒适度与诸多照明因素有关，比如光源、色温、照度、光的投射方向、灯具的位置、

灯具的显色性、照明均匀度、眩光的控制、灯光所产生的光影效果以及时间因素等。随着科技的发展，灯光照明越来越受到重视，还承担起视觉导向、烘托空间气氛、表达情感和场所精神等重要责任。

光对人的行为具有导向作用。在环境设计上，灯光照明与空间形态共同形成定向的作用。光照产生的如明暗、颜色上的对比使空间产生不同视觉效果。比如悠长巷道尽头的幽光会使人产生好奇心，光线通过隔栅落在地上的阴影会吸引人群观看，并随光斑移动而改变活动（见图2-24）。商场中庭引入的自然光与光照环境形成的效果共同营造舒适的商业环境氛围，从而影响人的心理活动，产生不同的行为（见图2-25、图2-26）。

图2-26 我国澳门威尼斯人酒店室内顶篷

图2-24 具有引导作用的灯光设计

图2-25 商场采光充足的中庭显得更开阔

2.4.1 照度对人的心理影响

照度即光照强度，指单位面积上所接受可见光的光通量，单位是勒克斯（Lux或lx），是用于指示光照的强弱和物体表面积被照明程度的物理量。室内环境设计应参照《建筑照明设计标准》进行灯具安装和维护，确保工作时视觉安全和视觉功效所需要的照度。

不同照度对人的心理产生不同影响。当灯光照度很高时，会让人产生思维活跃、兴奋的感觉；当灯光照度降低时，会让人产生温暖、舒适和安全之感；如果光照继续降低，则会给人一种肃穆、寂静的联想。照度还会影响人感知压力的程度。照度过高会带来紧张感，而过低则带来不安全感。

在工作环境中，照度会影响人的视觉辨识信息的能力。人的视力会随着照度的变化而变化，要保持良好的

视觉观察力就必须具备有效的照度。通常人们在做比较精细的工作时，工作面要求较大的照度，而比较粗放的工作则对照度要求不那么高。观察动态的物体时要求有较高的照度，观察静止的物体时对照度的要求低一些。精细视觉工作对照度有较高的要求。研究表明，学习状态下，如果提升照度至1000lx，在一段时间学习后，人的警觉性和注意力均有所提升，工作效率也会变高；而再提升至更高的照度，则无明显变化。因此，照明可以作为自然光不足情况下的补充，用来辅助提升注意力（见图2-27）。

图2-27　现代简约的办公室设计，高天花板，低光吊灯，白色办公桌，黑色皮革办公椅，木质墙面覆面板，蓝色织物沙发

由于生理和地域文化的不同，人们对照度的需求也不同。一般老年人对光照要求较高，青少年要求则相对较低；南方湿热地区的室内空间对照度的要求低，北方寒冷地区的室内空间对照度的要求则相对较高。在同一个环境中，可以用不一样的照度区别空间，让不同的区域呈现不一样的亮度。一个高照度的空间能在整个空间序列中得到强调，也能迅速吸引人们的目光，给人一种延伸和扩展的感觉；低照度空间则给人一种收缩和狭窄的感觉。家庭医师发现，日光灯发出的光通常对患有季节性情感障碍的人特别有效，长时间的黑暗和缺乏阳光照射会使人的睡眠－觉醒节律中断（见图2-28）。

光照度可以调整空间层次，照度降低能掩饰细节缺陷，照度增强能凸显特定区域。比如在餐厅的灯光照明设计中，餐桌上方通常为高照度，使人的视觉中心聚焦在桌子周边，限定视觉范围，增强用餐氛围。餐厅墙面

上装饰画的位置则辅以微弱的照明，让稍远的地方淹没在黑暗中。在卧室照明设计中，通常采用低照度的设计，以营造一个柔和、温馨的气氛。因此，室内光照强度的高低应取决于空间功能和使用者的情感诉求（见图2-29）。

图2-28　治疗季节性情感障碍的太阳灯

图2-29　吧台的灯光照明

2.4.2　色温对人的心理影响

色温（Color Temperature）是可见光的一个特性，在照明、摄影、摄像、出版、机械制造、天体物理、园艺等领域有着重要的应用，以K（kevin）为计算单位（见图2-30）。生活中，人们经常接触到的色温为2700~6500K，2700~3200K色温呈黄色（暖光），3200~5000K色温呈暖白色，也称为"自然色"，而5000~6500K被称为白光，大于6500K的色温被称为冷光。工业照明和特殊领域（如汽车照明、户外路灯）会使用超过7000K光色的光源照明。不同的色温可以使人

产生冷暖、轻重、软硬、强弱、明快与阴沉等不同的感受。欧美家庭一般喜欢用黄色的光，黄光光源也在商店装修、博物馆或者画廊等处常见；而亚洲，尤其是东亚地区的人比较喜欢白光，白光光源可在超市、办公室、医院等公共场所大面积使用（见图2-31、图2-32）。在3000K左右的暖白光照射下，能使人放松（见图2-33）。色温达到4000K及6000K时，学习状态较为集中，学习效率有所提升。而较高的光源显色性有助于增强人对外物

图2-30　开尔文色温表

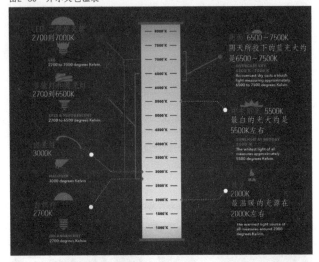

图2-31　安卡拉纪念医院的大厅

图2-32　冷光线让人提高警惕，商务办公大楼的电梯等候处使用白光源作为装饰，给人严谨有序的感觉

图2-33　暖光灯照射下的浴室让人心情更放松

小贴士

» 了解色温对拍摄的影响是非常重要的。它不仅在如何记录场景中的白色表面方面发挥了作用，而且在场景中每个表面的每种颜色之间的总体平衡方面也起着关键作用。通常，人们认为在现实中显示为白色的对象在人们录制的图像中也显示为白色，只有当白色正确平衡时，所有其他颜色也将正确平衡（见图2-34）。

» 白色物体的表面看起来是白色的，因为人的大脑告诉人们它是白色的。然而，它实际上可能反射了一个阴天的蓝光，或者在太阳消失在地平线下之前反射了太阳的深橙色。

图2-34　本图中可以看到同一图像的三个版本，每个镜头都具有不同的相机白平衡（色温）设置：左上：3200K时平衡不正确；右上：在5600K（日光）下正确平衡；底部：最终颜色校正，基于适当平衡的5600K镜头

的认知，提高交流效率；显色性较低则可结合视觉环境营造不同的效果。

2.4.3 色光对人心理的影响

色光是指彩色光线。牛顿发现了光的色彩奥秘，经过系统观察及试验研究，最终确认：当一束白光通过三棱镜时，它将经过两次折射，其结果是白光被分解为有规律的七种彩色光线。这七种色彩依次为：红、橙、黄、绿、蓝、靛、紫，且顺序是固定不变的。

色光是烘托室内气氛的重要元素之一，不同的色光会令人产生不一样的心理反应。根据人们对色彩物理属性产生的心理反应，颜色被分为冷暖色系。红、橙、黄光产生的波长长，弱光照到所有物体上会产生暖感，属于暖色光。暖色调的光源比较容易让人产生心理亢奋，让人有热烈、活跃、炎热、喜庆的感受。室内设计中，玄关入口门厅处通常采用大面积的暖光，就是为了让人们在劳累了一天之后回到家能有温馨舒适之感。睡房设置适当的暖光源，可以调动人们的情绪，形成愉悦的感受，增添生活气息。尤其是在北方的居室中，暖光源可以驱走寒冷，让人从心理上产生温暖的感觉。反之，紫、绿、蓝光产生的波长短，强光照射物体会有一种寒冷、清凉的感受，属于冷色光，给人一种清凉的感觉，具有平静人们情绪的作用。蓝色光源通常让人有神秘、

图2-35 迷幻、华丽的紫色光源

遥远、浪漫的感觉，就像人们看到蓝色一般都会联想到大海和天空。在办公空间和书房中适当运用偏蓝色的冷光源，能让人们平静情绪，激发工作动力，增强办公效率。在光照度很低时，冷光源会营造一种压抑沉闷的氛围，而经常待在低照度的冷光源环境下，会让人的心理产生抑郁感。在室内空间中，紫光源会产生迷幻、华丽的氛围感（见图2-35）。绿色光源使用不当就会让人产成恐怖、诡异的心理感受。

由于冷暖光源能带给人各不相同的心理感受，所以在设计灯光照明时，只有把冷暖光源有机结合起来，根据人的需要，遵循以人为本的原则，适当的冷暖色结合，才能设计出适宜人类长期居住的健康生活环境（见图2-36~图2-40）。

图2-36 俄罗斯威亚公园购物中心（Aviapark）
2014年11月28日正式开业，被誉为欧洲最大商场。配合巨型鱼缸的深蓝色调，顶篷照明设计成绚丽的紫色，商场空间冷暖交融，绚丽多彩。

图2-37 美国得克萨斯州妇女儿童医院照明

图2-38 冰雕酒吧运用五彩缤纷的颜色创造奇特的视觉效果

图2-39 美国凤凰城妇女儿童医院灯光照明1

图2-40 美国凤凰城妇女儿童医院灯光照明2

2.4.4　防治眩光

　　当照度的水平超过视觉感知的临界值时，会影响人的正常视力，产生眩光现象，让人感觉刺眼，心里烦躁。产生眩光的主要因素有两种：一种是直接的发光体产生的眩光，比如在日常生活中直视太阳或夜间行车前方车辆大灯等的照射；另一种是间接的反射眩光，比如反射率较高的白色平滑墙面或镜面效果的玻璃幕墙，在光的照射下由于其反射率较高的原因，会产生较强的眩光。眩光对人的视觉舒适性影响较大，如果工作面反射产生眩光，会使视觉模糊不清，且容易造成视觉疲劳，降低工作效率，甚至造成眼部疾病，因此室内工作面的照度应保持在一个舒适的范围。

　　防治眩光的方法有两个。一是在选择灯具时，需要注意下灯具遮光角、黑光反射及防眩配件。比如，对安装灯具的位置和角度进行调整或改变；适当合理地运用光照亮度的对比；避免光源和高反射材料的直接接触或与室内设计师沟通是否可以替换其他材质、深颜色的灯具。另一个方法是照明设计最好做到"见光不见灯"。这就要求照明设计中注意合理地分布光源，控制好光照的方向；灯具不要安装在视野范围内，避免光直接射入人的眼睛；尽可能采用间接照明，利用反射光和漫反射对工作面进行照明。此外，间接照明也可以消除物体的阴影，保证人们清晰地辨识物体（见图2-41）。

　　上海自然博物馆中展示板周围采用可以单独调光的导轨射灯，并且根据展示板的形状和大小进行布置，同时为了保持天花板的整洁，选用尺寸、系列相同的灯具，并且为了防止直接和间接眩光，灯具上都配有挡板等防眩光的配件，使人们能够舒适阅读展板上的文字（见图2-42～图2-44）。

图2-41　"从树木到树冠"是建筑照明工程的奇迹，同时是利用自然光和人工照明的照明杰作

图2-42　上海自然博物馆野生动物标本展览区域照明设计

图2-43　上海自然博物馆史前生物标本展览区域照明设计

图2-44　科隆国际家具展上的灯光壁画作品

2.5 色彩的心理效应

当我们看某样事物并需要立刻对它进行评价的时候，颜色很可能是想到的第一点。色彩是光的表现形式。室内环境的色彩通常依据场所的性质而定，对室内环境氛围的营造起到关键的作用。正常健康的人的眼睛具有良好的色彩分辨功能，能够很好地区别红、橙、黄、绿、青、蓝、紫七种颜色。色彩是室内环境设计中最生动、活跃的因素。色彩可以满足人们视觉审美需求，创造环境气氛。色彩和谐的居室会让人心情放松，感到平和温馨。那么，什么是调和的色彩？

2.5.1 调和的色彩能让人感到赏心悦目

这是一种自然而然的"美感反应"，并不需要经过特别的训练。知名艺术评论家贡布里希（E. H. Gombrich）认为美感反应是一个"恶名昭彰的不可捉摸的概念"。歌德认为有些调和的色彩组合引发了人们的喜悦感受，可能和一种称作"残像"的现象有关。假如你凝视一个色彩一段时间后，立刻把视线转移到其他没有色彩的平面上，就会产生这个色彩的补色幻象。歌德所说的"残像"就是指补色所产生的幻象。这表明人类的大脑渴望色彩三属性（色相、明度、彩度）之间建立

平衡的关系。几个世纪以来，许多科学家对这个现象进行了研究。歌德对这个现象的分析是："当视网膜的各个部分接触到彩色物体，恒常性定律会造成相反色彩的产生；当整个视网膜面对单一色彩时，也产生了同样的效应……每个明确的色彩对眼睛都是一种侵犯，逼使眼睛起而抗衡。"科学家对残像现象提出了各种解释，有一派理论是：不断凝视一个色彩，让眼睛的色彩感觉细胞产生疲劳，因此它们制造出补色残像来恢复视觉平衡。不论是何种原因，这种人类视觉系统的奇特机制和我们对和谐色彩组合的美感反应，两者之间可能存在一种密切的关联。

美国知名色彩学家孟塞尔在其1921年出版的著作《色彩的文法》中提出色彩调理论，这个理论是以色彩平衡的概念为基础。以一幅绘画为例，要使一组色彩达到平衡，要满足以下要求：每个色彩都有对等（明度和彩度相同）的补色；每个色彩都有相反的明度；每个色彩都有相反的彩度。

色彩在室内空间的体现不同于绘画作品，色彩与空间尺度、光线、界面材质、家具、设施、软装等有着密切关系，理想的色彩环境需要有条不紊地协调好这些方面的视觉关系（见图2-45~图2-48）。

图2-45 米兰Urquiola工作室为维也纳岛W休养和水疗中心设计的丰富多彩的室内空间

图2-46　美国时装品牌polo的创始人拉尔夫·劳伦的住宅室内

图2-47　肖恩·亨德森的室内设计

图2-48　位于荷兰阿姆斯特丹布雷特纳大厦的飞利浦公司总部职工餐厅，采用大型发光面装饰

表2-1　色彩的象征意义

颜色	象征意义
■ 深红色	丰富，优雅，精致，美味的，昂贵的，成熟的，华丽的，强大的
■ 砖红色	朴实的，温暖的，强大的，坚固的
■ 红色	正面含义：令人兴奋的，充满活力的，性感的，热情的，热的，动态的，刺激的，戏剧性的，强大的，勇敢的，磁性和自信的，冒险的，激励的 负面含义：过于激进的，冲动的，苛刻的，暴力的，挑衅的，好战的，喜怒无常的，对立的，危险的
■ 粉色	正面含义：令人兴奋的，夸张的，好玩的，热的，关注的，高能量的，感性的，野生的，热带的，喜庆的，充满活力的，刺激的 负面含义：轻浮、华而不实
■ 浅粉色	正面含义：浪漫、深情，富有同情心，温柔，甜美的滋味，甜美的气味，温柔、细腻、天真，青春的 负面含义：太甜、太伤感、脆弱
■ 桃色	柔软，模糊，触觉，美味可口，果香浓郁，甜，香，诱人的，温馨，舒适，贴心，谦虚，拥抱
■ 烟粉色	柔软，微妙的，舒适的，朦胧的，温柔的，沉稳的，怀旧
■ 珊瑚色	生命力，活力，灵活性
■ 橙色	正面含义：有趣的，异想天开的，天真的，快乐的，发光的，日落，热，电，活跃的，群居的，友好的，膨胀，自然，乐观，开朗，善于交际，自信，有说服力 负面含义：沙哑，轻浮
■ 姜黄色	香辣，美味扑鼻，刺鼻的，异国情调的
■ 浅棕色	坚固，户外，乡村，森林
■ 巧克力色	好吃的，丰富的，强大的，开胃
■ 土褐色	朴实，脚踏实地，稳步、扎实，扎根，有益健康，庇护，温暖，耐用，安全，可靠，自然，传统，支持
■ 蔬菜绿	自然，肥沃的土壤，健康，平衡，生命，生长，舒缓，和谐，平安，恢复，放心，环保意识，新的开始
■ 绿色	新鲜，草，爱尔兰，活泼，春天，更新
■ 翡翠色	奢华的，像珠宝一样的
■ 水色	水，清爽，清洁，年轻，婴儿，凉爽，梦幻般的，柔软的，轻量级的
■ 绿松石	无限，富有同情心，保护，忠实，水，凉爽，天空，宝石，热带海洋
■ 水鸭色	宁静，清凉，高雅，成熟，自信
■ 天蓝色	平静，冷静，天上的，恒定的，忠诚的，真实的，可靠的，宁静，知足，平静，安心，信任，安详，膨胀，开放，无限，超越，距离
■ 浅蓝色	平静，安静，耐心，凉爽，洁净的水
■ 长春花色	亲切，活泼，明快，欢乐，亲切
■ 亮蓝色	电力，能源，轻快，充满活力，旗帜，印象深刻，水生，神采飞扬，令人振奋
■ 深蓝色	正面含义：可靠的，权威的，基本的，保守的，古典的，强大的，可靠的，传统的，制服，服务，航海，忠诚，自信，专业，发人深省，内省，澄清 负面含义：忧郁的
■ 薰衣草色	浪漫，怀旧，幻想，轻，微香
■ 紫水晶色	治疗，保护，安心
■ 蓝紫色	沉思，冥想，精神，灵魂搜索，直观，神秘，迷人
■ 红紫色	感性，激动，紧张刺激的，戏剧性的，创造性的，机智，富于表现力
■ 深紫色	正面含义：有远见的，丰富的，皇家的，著名的，征服，内省的； 负面含义：消极冷漠
■ 金黄色	滋润，黄油，好吃，烈日的炙烤，小麦，热情好客，舒适，食物
■ 亮黄色	正面含义：照明，快乐，热，活泼，友好，发光，富有启发性，充满活力，阳光，激发，创新，辐射，意识，惊奇 负面含义：谨慎，怯懦，背叛，危险
■ 淡黄绿色	正面含义：艺术、大胆、新潮，惊人的，尖锐的，尖刻的 负面含义：花哨，俗气，黏糊糊的，令人作呕的
■ 橄榄绿	正面含义：军事伪装，经典； 负面含义：单调

2.5.2　色彩会影响人的情绪体验

色彩会影响人对温度的体验，引发情绪上的变化。研究表明，人们对色彩的温度反应更多来自于某种色彩相关联的习得性反应而不是生理上的反应。当我们看到火焰的颜色会感觉温暖，而看到雪白和蓝色阴影会让人感觉到寒冷。通常情况下，暖色调能减轻悲痛，给人以信心，让人感觉喜悦，而冷色让人心生哀伤。在伦敦一家工厂的食堂里，就餐的员工们总是抱怨很冷，尽管温度保持在21℃，即便工作人员将室内温度调至24℃，仍有人抱怨冷。最终人们终于明白原因在于食堂的墙壁的淡蓝色。于是他们将墙壁刷成橙色，温度还在24℃，大家却觉得热，最后将室温调回21℃，大家都觉得很舒服。因此，假如办公室的地毯从蓝色换成了橙色，人们会感到温暖是再正常不过的事情了。研究发现，人们对室内暖色和冷色的温度感觉差竟然有3℃。3℃对普通人来说还是会有体感差异的。

室内设计中色彩的选择要慎重。人们对于不同的颜色会产生不同的反应，可以影响人的情绪。此外还需要注意不同的色彩所具有的象征意义（见表2-1）。红色有助于激活体内的活跃细胞，使人兴奋；粉红色使人平和，可适当抑制愤怒；橙色能有效改善情绪，改善思维行动迟缓，增加人的工作成就感；黄色能改善大脑功能，激发体内朝气，激活思维的敏捷性，增加说话的灵感和内容，增强自信心；绿色能使人平静，降低疲劳感，置身于绿色环境中，人的皮肤温度可降低1～2℃，脉搏每分

颜色	象征意义
■ 中性灰	经典，清醒，企业，实用的，永恒的，合格的，安静的，中立的，合乎逻辑的，不显眼的，故意的，含蓄的，基本的，温和的，高效的，孝顺的，有条理的
■ 黑色	正面含义：强大的，授权的，优雅的，复杂的，神秘的，沉重的，大胆的，基本的，经典的，强烈的，昂贵的，无懈可击的，神奇的，夜间的，清醒的，著名的，时尚的，现代的 负面含义：抑郁，死亡，悲哀，黑社会，邪恶，压迫，压制，威胁
□ 白色	正面含义：纯粹的，干净的，纯洁的，一尘不染的，无辜的，无声的，重量轻，通风，明亮，新娘空灵，清晰，简洁，高效的，北极 负面含义：无菌，冷，与医院有关的
■ 灰褐色	正面含义：经典的，中性的，实用的，永恒的，质量，基本的，真实的，有机的，多才多艺，低调，妥协，适度 负面含义：平淡无味
■ 深灰色	正面含义：踏实、负责、忠诚、认真、刚毅、内敛、保守的，专业的，经典的，复杂的，固体的，持久的，成熟的 负面含义：平淡，循规蹈矩，脱离
■ 象牙色	经典，中性，软，温暖，舒适，口感好，奶油，光滑，微妙，自然，新娘

钟减少4~8次、呼吸减慢、血压降低、心脏负担减轻；淡蓝色有助于神经放松，增强想象力；淡紫色具有能量，能缓解内心的不安全感和压力，驱走恐惧。医院病房以暖色调为主色调，使用淡绿色的墙壁涂层和暖咖色的地胶进行空间界面装饰，墙上的木色收纳柜与地胶相呼应。对比色的运用使空间富有层次，使原本冷冰冰的医疗环境变成了一个温馨、舒适、清新、淡雅的适合病人康复的住院环境（见图2-49）。

图2-49　新加坡的法雷尔公园医院（Farrer Park Hospital）病房

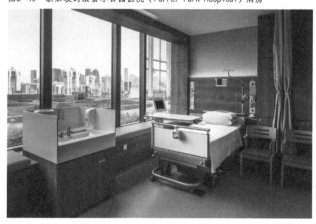

2.5.3　人的皮肤也能感知色温

肌肉对不同的色彩会做出不同紧张程度的反应。日本色彩大师野村顺一用数据客观描述肌肉紧张或舒缓的程度及分泌量。他的团队通过一个叫做"红蓝房间"的试验测试皮肤对色彩的反应：被试者蒙住眼睛坐在红色、蓝色墙面的不同房间。研究表明：长期处于红色房间内，人会烦躁、血压升高、呼吸频率增加、肌肉紧张；而处于蓝色房间的人则很平静，他们的血压和呼吸频率正常、肌肉放松。加拿大一家牙科诊所为了弱化病人的畏惧，特意在诊所的墙壁上用蓝色绘制出不同层次的图案，以转移病人的对于痛感的注意力。高饱和度色调的互补色对比会使人产生热烈的情绪，或欢乐，或愤怒。对比强烈或不和谐的色彩则会让人郁闷或烦躁，影响心情，长期如此甚至会影响人的健康。

除了温度感，色彩的心理效应还体现在重量感、体量感、距离感等方面。人们对于色彩的感知不仅由视觉感官来完成，嗅觉、味觉、触觉等感官也共同参与完成。人们能在色彩中品味到酸甜苦辣、冷暖软硬、轻重强弱、远近大小，甚至能将不同音调与色彩对应起来（见图2-50）。

图2-50　美国达拉斯城市演出中心的照明设计（设计师荣获第31届通用电气爱迪生奖的年度照明个性化水晶奖）

2.5.4　色彩的距离感

色彩可以使人感觉出进退、凹凸、远近的不同，一般暖色调和明度高的色彩具有前进、凸出、接近的效果，而冷色系和明度较低的色彩则具有后退、凹进、远离的效果。室内设计中，常利用色彩的这些特点去改变空间的大小和高低。比如，居室空间过高时，可以用近感色减弱空旷感，提高亲切度；墙面过大时，可以用收缩色；柱子过细时，宜采用浅色，反之则用深色，减弱其粗笨感。

2.5.5　色彩的重量感

心理学家研究发现色彩具有"重量感"，即不同色彩在人脑中形成不同的重量，色彩按重量从大到小依次排列为：红、蓝、绿、橙、黄、白。在室内设计中，人们常以此判断空间的平衡感和稳定性，有时则表现出轻盈或庄重的感觉。美国著名室内设计师埃莉诺·麦克米伦（Eleanor Mcmillen，1890—1991）在设计中，为了弱化因古典家具的对称安置而产生的过度平衡感而常常使用醒目的黄色来打破视觉常规。

2.5.6　色彩有调节环境光线强弱的作用

由于每种色彩的反射率不同，它们对环境光线的强弱有一定的影响。色彩与照明的搭配可以创造出有层次、个性、富于情调与美感的空间环境。室内设计实践证明：明度和纯度较高的空间，更容易促进人形成积极向上的心理状态；反之，饱和度和明度低的色彩空间容易对人产生消极的心理影响。运用一种色彩作为环境中的主色调往往能带给人们强烈的感受，比如快餐店的环境采用橙色、红色作为主色调，在视觉上激发顾客的食欲，心理上提示顾客快速用餐。

不同时代、地区、文化、年龄、性格的人们对空间的色彩运用表现出不同程度的偏好和厌恶。因此，在室内设计中色彩搭配使用不能一概而论，而应有针对性地进行设计。当然，设计师在处理空间色彩时，也会表现出对某些色彩的偏爱。设计师需平衡好设计风格和空间功能、使用者偏好等不同的需求（见图2-51、图2-52）。

图2-51　迪拜帆船酒店餐厅

图2-52　澳大利亚昆士兰黄金海岸的优质QT酒店休息区

思考与延伸

1. 室内设计中是否需要遵循可视性原则？为什么？
2. 阳光对人体的好处有哪些？如何理解人的向光性？
3. 照明设计如何让人能够集中精力工作？
4. 色彩对人产生的心理影响体现在哪几方面？如何理解色彩的象征性？

第 3 章　人的听觉与室内设计

　　在我们对世界的体验中，听觉和视觉起着相互补充的作用。我们经常在看到一个事物之前就已经听见了它，尤其是当刺激来自于身后或不易看见的地方。耳朵将眼睛引向声音传来的方向。在远古的人类世界里，拥有良好的听力是人类外出捕猎的有利条件，听力对人类生存和发展起到了至关重要的作用。声音以连续而有力的方式控制着人们的情感。当人们听到低沉的、轻柔的、复杂的音乐时会感到忧伤，悲伤的人发出的声音也是低沉和轻柔的；当人们开心时，声音会因为声带的紧张而变得高昂。无论设计的是酒店、商店、教室、工作场所还是其他场所，设计师都可以使这些空间中充满某种声音，使置身于其中的人们保持某种心情，而这种心情有利于人们实现自己预设的目标。

3.1　听觉的基本特点

　　声环境是室内设计中的重要组成部分，涉及各类功能性的空间，比如剧场、音乐厅、会议室、展览厅、教室等。不同空间对声音的要求有不同的标准，设计中对于空间结构形态、材料选用以及音响设备等都需要进行系统规划设计，考虑到各种级别的声学技术参数指标（见图3-1）。《感觉的自然史》的作者黛安娜·阿克曼（Diane Ackerman）认为，视觉是最重要的感觉，是所有感官中的垄断者，听觉则是最微妙的感觉。美国认知心理学家唐纳德·诺曼曾经指出："声音必须和设计的其他方面一样被认真地对待。" 他认为人们应当注重声音所提供的自然信号，以实现产品与人之间的内隐沟通。诺曼教授以声音为切入点，分析了如何把情感融入产品设计中。声音设计在交互体验中更是承担了重要职责。随着科技的发展，电影声音体验不断给人们带来前所未有的体验。"声音景观"更是引来了不同专业领域人士的共同探讨和研究。

图3-1　康拉德·波拉比音乐厅

声音是由物体振动产生的声波。声音通过介质（气体、液体或固体）以波动形式传播，振动停止，声音随即停止。太空中没有声音，因为在真空中没有空气分子作为传递的媒介。耳朵是声音的接收器。声音的频率和振幅这两个物理特性形成了声音的三个心理维度：音高、响度和音色。

音高是指声音的高低。人们所能感受到的纯音范围可低至20Hz（低于20Hz的频率可以通过触摸振动来体验），高达20000Hz。钢琴上的88个琴键只覆盖30～4000Hz的频率范围。频率和音高之间并不是线性关系。在频率很低的时候，只要增加一点点，就能引起音高的显著增高。在频率较高的时候，则需要将频率提高很多，才能让人察觉到音高的变化。比如钢琴上两个最低音符仅有1.6Hz的差别，而最高的两个音符之间的差别竟达到235Hz。

响度是由振幅决定的。振幅大的声波会给人响亮的感觉，振幅小的声波给人一种轻柔的感觉。人们的听觉系统可以感受范围宽广的物理强度。人类听觉的绝对阈限是能够在6m外听见手表的滴答声。在另一个极端，90m外喷气式飞机起飞的声音会引起人耳疼痛。

音色反映了复杂声波的成分，正如我们可以区分出钢琴和小提琴的声音。现实世界中的大部分声音都是复杂声波，包含多种频率和振幅。被称为噪声的声音没有清晰简单的频率结构。噪声包含互相之间没有系统关系的多种频率，就像在广播电台之间听到的静电噪声中包含所有可听见频率的能量。

人类行为学对声环境下行为学的研究侧重于环境声音与人行为之间的关系。任何事物发出的声音和节奏都会对人产生心理影响。通常情况下，简单协调的节奏令人心情放松；可预知的节奏令人心情放松，不可预知的节奏会使人充满活力；快速变化的节奏容易使人的能量水平升高，使人集中注意力，产生警惕性。声音节奏的快与慢是相对于人的心跳频率而言的。当人休息或处于放松状态时，心脏以每分钟50～70次的频率跳动。能够使人产生放松的声音节奏应该与这个节奏保持一致，每分钟30～50次的声音节奏可以使人达到深度放松。人的心跳频率与周围声音节奏是保持同步的，比如走在海边，我们的心跳会和听到的海浪拍打岸边的声音保持同一节奏（见图3-2）。人呼吸的节奏也和心跳保持一致。当周围充斥着不可预知的噪声时人们就无法好好休息，因为呼吸和心跳无法与这些声音保持一致。

图3-2 海浪拍击的声音能够让人放松心情，海边度假屋卧室

3.2 声音、声景与反馈

3.2.1 声音与空间

声波传播的空间叫做声场，声音在声场中的距离、方位所造成的关系可以称为声音的远近配置关系。因为声音可以被周围物体的结构进行反射和重构，所以人能够感受到四周的空间环境，并识别自身所处的位置，产生空间感。

声波在室内的传播特点主要包括：直达声、反射声造成的混响声、声音在大空间传播的壁面吸收和空气吸收、房间内由于墙壁的入射波和反射波干涉而形成的共振（驻波），主要类型有平面反射、凹曲面聚焦和凸曲面发散等几种情况。

由于声音在不同介质中传播速度不同，室内界面的材料会影响声音效果（见表3-1）。比如教师站在空教室里讲话，会觉得声音特别响，而当学生坐满以后，声音就会有所减弱。主要原因是，声音经墙壁反射仅需0.04s左右，速度之快使得原声与回声混合，导致声音加强；然而，当学生坐满时，声音会被他们身上松软的衣服等物质吸收，降低了声音反射速度，音量也就减弱了许多。在建筑声学上，人们用"回音"来描述声音清晰可辨的重复音，回音决定了人们在空间内听到的声音是怎样的；用"混响"来描述声音缓慢消失的情况。有些音效师和声学设计师把空间分为"活的"或"死的"。"活的"房间就像浴室，将声音反射到耳边，激发人们唱歌的欲望，"死的"房间如同录音棚，地毯、墙壁都用软包装饰，吸收声音，产生减振效果（见图3-3）。

表3-1 不同介质中声音的传播速度

介质	空气（15 ℃）	空气（25 ℃）	软木	水（25 ℃）	松木
声速 /(m/s)	340	346	500	1450	3200

图3-3 录音室的墙面、地面、沙发都采用吸音材料，以保证获得良好的音质

空间的形态可以营造出奇妙的听觉体验。假如你坐在一个有大穹顶的餐厅里用餐，又恰巧坐在了穹顶下的一侧，那么另一侧餐桌上客人讲话就仿佛在你耳边一样（见图3-4、图3-5）。瑞士建筑师彼得·卒姆托（Peter Zumthor，1943—）认为空间声响是他最深刻的建筑体验，他说："曾几何时，我可以无需思考就体验到建筑。我记得脚下砾石的声音，我能听到厚重的前门在我背后关上的声音……"事实上，声学环境一直是建筑师们研究的重要部分。

图3-4 德比大学的巴克斯顿校区花费100万英镑的翻新后的"圆顶"高级餐厅

图3-5 克拉科夫老城餐厅

西方关于建筑声学的记载最早见于罗马军事工程师维特鲁威所著的《建筑十书》。书中记述了古希腊剧场中利用共鸣缸和反射面调节音响的方法。人们也认识到球体弯曲面可以聚集声音，反射作用强烈，穹顶结构将声音放大后返回至地面的发声者耳中。西方建筑设计师十分重视教堂、剧场等公共建筑的声学设计，力求形成悠远神秘或清晰洪亮的声响效果。而在修道院和图书馆中则强调安静：室内发出的每一声响都会引起很大的回声和混响，试图迫使人尽量悄声细语和轻拿轻放。

中国古代建筑中，也有在琴室和戏台下埋置大缸以增加共鸣，或是琴架上铺设空心琴砖的做法。最奢华的建筑要数颐和园的德和园大戏台，台底下设有一口大井和五个小水池，以增加演出的音响效果（见图3-6）。规模较大的建筑还有：北京天坛回音壁、三音石和圜丘等（见图3-7）。到了近代，形成了以试验为依据的、强调声音客体的建筑声学。但是，体验是人的主观感受，难以单纯用生理和物理数据加以解释。丹麦建筑师拉斯穆僧（S. E. Rasmussern）在《体验建筑》一书第十章中强调：不同的建筑反射声能向人传达有关形式和材料的不同印象，促使形成不同的主观体验。事实上，不仅要"看建筑"，还要能"听建筑"。

建于1900年的波士顿交响音乐厅迄今依然是世界排名前三的古典音乐礼堂。它正是利用鞋盒般狭窄的形状创造出大量的侧反射，从而达成"声源扩大"的效果。现场的观众能够获得奇迹美妙的空间声响体验，空间音效也令舞台上的表演者情绪饱满，音乐充满整个大厅，

从四面八方包围观众。在实际的声学设计项目中，声音牵涉的问题因素众多，需要有针对性地进行协调平衡。比如交响音乐厅的声学设计，需要在吸音效果和足够长的混响间取得平衡，如果余音时间太长会导致声音失去清澈的特征。音乐厅还必须考虑室外的环境噪声和建筑物本身会产生噪声的设备，比如通风、水泵等设备。通常的做法是在墙壁上采用密度很大、很重的材料。

库哈斯设计西雅图新市区图书馆时，馆长黛博拉·雅各布斯（Debra Jacobs）对空间设计的声音体验有着不同寻常的要求："希望这座图书馆可以使民众自由阅读，读到有趣的内容能开怀大笑而不会感到不自在，也不会觉得自己成为众人注意的焦点。"最终以分区的方案解决不同空间的声学设计要求。除了安静的阅览室外，图书馆设计了一个供人们交流的中庭"客厅"，通过建筑自身的可以吸音的防火材料降低了人们交谈时的音量，声音被反射成稀疏的感觉，人们无需十分警惕自己发出的声音（见图3-8、图3-9）。

图3-6 颐和园的德和园大戏台

图3-8 美国西雅图新市区图书馆

图3-7 天坛的回音壁

图3-9 美国西雅图新市区图书馆餐厅

3.2.2 声景与声音反馈

声景最早由加拿大音乐家谢弗（R. M. Schafer, 1933—）于20世纪60年代末提出，指声环境中在审美和文化方面值得欣赏和记忆的声音，把声音当作一种良好或优美的景观。声景作为物理、心理和社会三位一体的现象，不仅包括令人身心愉悦、具有积极影响的声音，还包括噪声等具有消极作用的声音。声景研究引起许多国家的重视。芬兰曾启动名为"声音风景"的特别节目，征集了100种最具听觉享受的音响环境。日本在90年代成立了日本音景学会，于1996年评定出日本百佳音景，其中包括蛙鸣、钟声和潮汐声等。日本品牌无印良品推出的一款助眠录音应用程序"MUJI to sleep"中收录了大海、下雨、雷雨、森林、山涧等自然原声，通过高保真立体声播放，能令听者放松身心。经常聆听自然原声可以舒缓神经，起到安神催眠的作用，有些声音还有理疗和镇痛的作用被称为听觉疗法。

人喜爱大自然的声音。中国古代诗词中对自然界的声音描述很多，比如南朝王籍的《入若耶溪》"蝉噪林逾静，鸟鸣山更幽。"或是陆游的"解醒不用酒，听雨神自清；治疾不用药，听雨体自轻。"中国古典风景园林中时常利用自然界的听觉体验创造景点或意境，比如扬州个园的宜雨轩（见图3-10），无锡寄畅园的清响和八音洞，苏州拙政园的留听阁和听雨轩等。听雨轩取"雨打芭蕉"之意。《园冶》中写道："夜雨芭蕉，似杂鲛人之泣泪"，故邻近听雨轩的南侧小院遍植芭蕉。

图3-10 扬州个园"宜雨轩"

水声是常用的景观设计材料，尤其是在打造水景时需要考虑场所的声音效果。加泰罗尼亚国家美术馆位于巴塞罗那的蒙杰伊特山顶，在台阶中段设有水景瀑布，水声把山顶壮观的建筑衬托得更为气势恢宏（见图3-11）。

图3-11 西班牙巴塞罗那加泰罗尼亚国家艺术博物馆

人们也喜欢社会生活的声音。无论是城市还是村镇，人造的声音总能反映出不同民族和地区的历史特征、社会情境和文化习俗。寺庙的吟诵声、婚礼的入场曲、校园的广播声、公园里的二胡声、市井吆喝声，或是三更半夜响起的鼓掌、欢呼声都能让人们联想到十分具体的场景。声音也总是与空间特性相关联，并形成某种具有识别性的声音景观，比如火车站、教堂、剧场、商场、医院等区域听到的种种音响都反映出不同环境特征和场所氛围。声音会随着时代更迭而变化着，有些声音已不再重现。意大利罗马研究中心的米开朗基罗·路朋（Michelangelo Lupone, 1953—）和劳拉·比安基尼（Laura Bianchini, 1954—）致力于将音乐、环境、装置与人的互动四个要素结合起来，创造富有生命力的声音艺术装置、声音雕塑等。他们用电脑实时接收声音，并对声音进行加工，做出特殊的声音效果。他们的艺术声音装置《紫禁城——乾隆皇帝和他的宫廷》由一系列振动性材料构成，当听众沿着长廊走过，便可以听到这些装置发出的不同声音，模拟乾隆年间宫殿、市井、战争等各种场景中的声音，人们用听觉感受了历史场景。

声音能够唤起人们的记忆和情感。声景的应用日益受到重视。比如2010年世界园艺博览会的北京馆，采用多媒体手段表现十几年来城市声景的变换，其中"磨剪子来锵菜刀"等小时候常听到的叫卖声尤其令中老年人动容。

英国的声音艺术家彼得·科萨克（Peter Cusack）因担忧全球化发展危及声音的地方特色和多元化，而发起"你最喜爱的伦敦声音"活动。他身体力行地引导伦敦居民对城市声音进行主动观察和体验，以唤醒民众从个体的听觉体验去思考人与环境、城市与声音、发展与生态的关系。

一方水土养育一方人，不同地域的人们对声景的期望不同。声景也会随着时代的变迁不断变化更新。听觉的环境与视觉一样，在环境的塑造中不容忽视，假如没有听觉体验，人们就难以获得"在场感"，甚至会令视听功能正常的人感到恐惧。听觉体验还具有隐喻和象征性质，一旦与视觉结合起来，会产生强烈的交互作用，使人印象深刻，难以忘怀。

3.2.3　声音的反馈

人们对世界的体验中，听觉和视觉起着互补作用。听觉是最快速的感觉。我们经常在看到事物之前就已经听见它了。原始人类依赖听觉捕猎和躲避野兽。通常情况下，耳朵指引眼睛看向正确的方向，听觉系统可以有效地完成声音定位任务。假如你在商场里购物，听到有人喊你的名字，大部分情况下，你可以很容易确定对方的空间位置。这种能力是通过两种机制来实现的：评估到达每只耳朵的声音的相对时间和相对强度。

法国著名哲学家梅洛·旁蒂（Maurice Merleau Ponty，1908—1961）有一段关于视听联觉的描述："从鸟儿飞离引起的树枝摇动中，我们得知树枝的柔韧或弹性。我们有理由谈论'柔软的''苍白的''生硬的'声音……" 声音可以唤起人们对于重量、速度和空间关系的联想。人们通过辨别声音信息可以获得更多的信息。比如，一个熟练的汽车司机可以凭发动机运转的声音判断出哪个齿轮损坏了。在熟悉的房间里，人们大多能够通过声音判断出房门是否已经关紧。

人们在建立对材料视觉感受的同时也建立起对不同材料听觉上的感受，有时仅凭声音人们就能判断物品的质地。中国古代"八音"就是利用八种不同物质——金、石、土、革、丝、竹、匏、木制作而成的八种乐器。"八音"也是引领人们更好地认识物质的状态。中国古代建筑中的屏门、屏风用木材和纸制成，人们用它们控制室内通风，听见风的同时，身体也感受到空气的微微流动（见图3-12、图3-13）。可见，越是好的声音反馈，越是自然而然。就像刷卡后有"滴"的一声，让我们知道刷卡成功；水壶烧开时发出"咕噜咕噜"的

图3-12　中国古建筑中的窗

图3-13　中国古建筑中的门窗

"提醒声"；邮件发送成功时"嗖"的一声。现代生活已离不开科技产品，在与科技产品的互动中，适当的声音反馈能让人们体验到控制感和真实感，从而获得愉悦的使用经历。

在汽车设计中，车厢的减振和降噪设计满足乘客对安静的需求，却使驾驶者缺失了必要的操作反馈，因此在许多汽车设计中，特地将户外环境及路况以振动的形式反馈给驾驶者，司机通过声音和方向盘的振感了解外界环境的变化。如今，越来越多的汽车制造商开始有意识地通过操控用户所听到声音来促进销售。关于汽车展览的研究表明：人们会将品质优良的产品与加重的低音联系在一起，汽车开关门的声音成为影响人们判断汽车优劣的依据。

3.3　室内噪声的控制

噪声可以理解为令人烦躁的声音。人们觉得某些声音令人不快时，它们才被视为噪声。几乎任何一种声音都能在特定的场合下被当作噪声，因为这里有一定的主观因素。人们可能几乎不会发现同事在办公室敲击键盘所发出声音，但在晚上，当人们想睡觉的时候，这种声音就会显得很吵很烦。在某些环境中，过大的声音被认为是噪声，声音不大但无规律也会被认为是噪声，大多数人都会为此而抱怨。

交通噪声是最普遍的一种，包括汽车、火车、飞机等交通工具产生的噪声，通常音量较大。有证据表明，机场或飞机的噪声与高血压、耳疾、心情烦躁有关。工作噪声也十分普遍，很多工作场所的声级都很高，很多工作人员长期暴露在高分贝的声环境中，比如建筑工人、飞机机械师、矿工等。在建筑物内部所产生的生活噪声的种类繁多，比如入夜后家居与建筑结构的碰撞声、硬质高跟鞋与地板的敲击声、室内装修、邻居大声交谈、乐器学习、空调器及金属雨棚引起的水滴声、吹风机等。噪声是比较轻的应激源，不像疾病不可战胜。但这些噪声无法控制也不可预期，会使人不耐烦，不高兴，感到无助和愤怒的情绪（见图3-14）。

噪声的影响效果取决于噪声的响度、可预见性和可控制感。与其他应激源共同作用时，噪声可能对心理和生理健康产生负面影响。噪声带来的负面影响被称为噪声烦躁，用来衡量产生噪声环境因素所带来的不利影响，当音量大到90dB以上，不仅会引起人们心理上的烦躁，还会引起听力损伤（如果在这种音量下待8h或以上）。噪声音量越大，就越有可能影响语言交流，注意

图3-14　在办公室铺上地毯可有效降低行走产生的噪声

力也越容易分散。不可预见的不规则噪声比可预见的或稳定的噪声更烦人。突发性、非周期性的噪声通常比可预见的噪声更具有威慑力，相比之下，一些持续不断的噪声更容易让人适应（见图3-15）。

图3-15　噪声对健康的影响

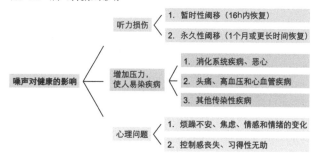

可控性高的噪声比可控性低的噪声更烦人。如果人们有办法让噪声减弱或停止，感到烦躁的可能性较小。假如你正在使用锤子，你可以通过停下敲击来控制锤子发出的噪声，但如果是你的邻居在使用锤子，你就很难直接控制噪声，那么就会觉得它很烦人。低频噪声还包括养鱼缸供养器发出的振动声，变压器、水泵、电梯等发出的噪声。这些低频噪声多由振动引起，衰减缓慢，与人体生理频率接近，夜深人静时，会穿透墙壁和楼板长距离传播，经由床铺和枕头传到耳朵，令人莫名其妙地神经紧张，心动过速，血压升高，内分泌失调，还容易引起其他慢性疾病（见表3-2）。

表3-2　音量与类比环境或情况

音量 / dB	类比的环境或情况
190	导致死亡
140	欧盟界定的导致听力完全损害的最高临界点
139	世界杯球迷的呐喊声
130	火箭发射的声音
125	喷气式飞机起飞的声音
120	这种环境下呆超过1min 即会产生暂时性耳聋
110	螺旋桨飞机起飞的声音、摇滚音乐会的声音
105	永久损害听觉
100	气压钻机的声音、压缩铁锤捶打重物的声音
90	嘈杂酒吧环境声音、电动锯锯木头的声音
85 及以下	不会破坏耳蜗内的毛细胞
80	嘈杂的办公室、高速公路上的声音
75	人体耳朵舒适度上限
70	街道环境声音、激发创造力的声音
50	大声说话声
40	正常交谈声音
20	窃窃私语

噪声对于作业的影响取决于噪声的性质（强度、可预见性、可控性）、作业类型和个体成熟压力及个人性格因素。一般来说，响度范围在90～100dB的不规则噪声，对简单的体力活动和智力活动没有什么不利影响。可是这个范围内的噪声对于警戒任务和记忆任务及需要同时进行两种活动的复杂任务，还是会产生干扰的。突发性、响度大的、不可预见的噪声随时会分散人们对任务的注意力。假如这项工作需要高度警觉和注意力集中的话，人就容易犯错误。

噪声影响儿童的学习成绩和压力水平。研究表明：住在安静居民区的儿童，在学习中记忆力、专注力、阅读能力和受挫能力相较于住在嘈杂区的儿童更好。噪声导致的听力问题可能影响儿童的阅读能力，致使他们的阅读水平较差，动机也较弱。在嘈杂环境中上学的儿童，解决复杂问题时难度更大，也更容易在解决问题时中途放弃。

这些问题可以被改善，在教室里安装具有吸音功能的天花板，在外部产生噪声的轨道两边装置降噪隔板，都能减少教室噪声，促进阅读成绩的恢复。人们可以在设计阶段就考虑这些问题。

长期在噪声环境下工作，人的记忆力会受损，注意力受到的影响则比较小，噪声降低人们对阅读材料的理解能力，使人在决策时更多地使用那些主导的或者容易提取的信息，进而影响作业。也就是说，噪声使人无法充分利用信息。

办公室的噪声影响人们情绪和对工作满意度的评价。改变办公室的设计，降低噪声会提高人们对环境的满意度。工作场所背景噪声带给人们最严重的问题就是干扰人们的交流。当各种不同的听觉信号同时出现时，人耳通常很难区分，这种现象被称为掩蔽。这能解释人们在嘈杂的环境中听不清别人说话的原因。噪声增加人们交流的难度，更容易使人疲劳，降低士气，对生产效率产生间接的影响。当噪声过高时，人们会停止交流。人们可以学会在噪声环境中交流，已经适应噪声的建筑工人在大噪声背景下进行交谈的效果比其他习惯在安静环境中工作的人员更好。许多设计师和建筑师在设计和建造办公室时把55～70dB的噪声设定为可接受标准。

室内声环境舒适度控制措施包括：降低噪声源的音频和振动强度；阻止噪声传播（隔声）消除声音的反射影响（吸声）；提高音质效果（频率效应等）。办公室设计常用的降噪措施包括：铺设厚地毯，悬挂吸音天花板，采用吸音墙，选用厚重的布料，甚至种植树木。其他方法还包括：让机器更安静地运行，比如在打字机和桌子之间铺一层毛巾，或用毛巾、泡沫材料将打印设备包起来，用低噪声组件生产设备（见图3-16～图3-18）。

图3-17 航空机械师工作中需要通过佩戴降噪耳机隔绝巨大的噪声

图3-18 分隔不同的区域，减少工作中的噪声干扰

图3-16 双层玻璃隔断的会议室具有优良的防噪声功能

使用白噪声作为背景声音去掩蔽不想要的噪声也是很好的方法。流水流经岩石的声音、海浪拍打海岸的声音、火堆燃烧时的噼啪声、下大雨的声音都属于白噪声，可以使人们的心情平静下来，有助于我们进行脑力工作。这些声音创造出来的氛围可以使我们忽略其他的噪声。白噪声可以运用在办公室、学校、医院或其他人们需要集中精力做事的地方。白噪声的响度一般是45～50dB，或者更低。日本女性喜欢使用带有流水声的卫洗立来遮盖使用厕所时的声音（见图3-19）。

住宅、酒店客房室内设计常用的降噪措施有：使用隔声门窗，增加墙壁表面肌理感，采用木质家具和静音的五金件，使用地毯、窗帘等软装布艺。布艺的吸声效果明显，所以使用布艺来消除噪声也是较有效的办法。实验表明，悬垂与平铺的织物，其吸声作用和效果是一样的，如窗帘、地毯等，而窗帘的隔声作用最为显著（见图3-20）。紧邻街道的住宅将普通窗户换成隔声窗户，其隔声量可达到50dB以上。房门的隔声效果主要取决于门板内芯的填充物。门板越厚，其隔声效果越好。若是门板两面刻有花纹，比起光滑的门板，能起到一定吸声和阻止声波反复折射的作用；四周有密封条的防火门，也具有良好的隔声效果。门套和门的安装方式也是决定隔声效果的关键。门套和门都应由有经验的专业人员安装，以保证良好的隔声效果。

地面采用软木地板的隔声效果相较于使用坚硬的复合地板更好；墙面使用壁纸、文化石等粗糙的材质会使声波产生多次折射，从而减弱噪声。家中摆放的家具数量要适中，木质纤维家具具有多孔性，能吸收噪声。不同木质的吸声程度不同，较松软的木质吸声更多，如松木。还要注意，橱柜的拉门和书桌的抽屉，其五金件最好采用静音的，使抽拉时没有噪声。将书柜放置在与邻居家相邻的墙壁前，可以适当阻隔邻居家传来的声响。

家用电器是家中主要的噪声来源，因此要注意选用静音家电用品。在选择空调、冰箱、洗衣机、吸油烟机时最好把工作噪声高低作为选择标准之一，尤其是设置在卧室和客厅的空调。

全球连锁酒店美国旅馆自称是"一天完美的重点"，承诺提供"一夜的宁静休息"，这样的保证依赖于一种专利隔声泡沫物质，叫做"Sound Guard"石砖。酒店的窗户设计为三层窗玻璃的隔声屏障，这样的设计可以降噪至25dB，正所谓"静得能听到自己的心跳"，让旅途中的人们享受安睡。可见，声音的控制同样可以创造出用户的高峰体验，赢得品牌好感（见图3-21）。

图3-20 万豪酒店客房通过布艺、地毯进行噪声控制

图3-21 美国旅馆的隔声材料使其成为需要安静休息旅客的首选品牌

图3-19 卫洗立上特别设置了能发出流水声"音姬"按钮

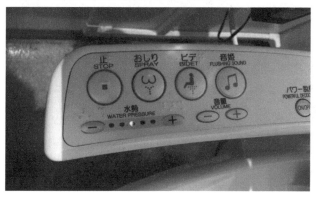

3.4 用音乐丰富室内环境

研究表明，合理使用音乐可以提高声环境的舒适度。音乐可以让身体放松，纾解压力；音乐可以增强记忆力与注意力；音乐可以帮助入眠；音乐的旋律可以使婴儿不再哭闹不安；音乐可以在一定程度上削减噪声的不良影响。

"语言和音乐的进化根源是什么？"著名的学术期刊《科学》（Science）曾提出这样的问题。音乐是一种有节奏、旋律或和声的人声或乐器音响等配合所构成的一种艺术。2011年，加拿大蒙特利尔麦吉尔大学神经学家瓦洛里·萨利姆波（Valorie Salimpoor）的团队研究表明，听音乐可以使人释放多巴胺，多巴胺是一种与冲动、上瘾有关的化学物质。当人们听到喜欢的音乐时所获得的愉悦感和他们得到奖励的感觉没什么不同，即便只是在大脑里想着音乐，也会使人产生感觉快乐的物质。这也就不难理解音乐在历史长河中不断得到进化的原因了。

人们在听音乐的时间里，超过90%是在听以前听过的音乐。重复的音乐带给人们特殊的聆听体验。熟悉的是音乐仿佛是一位老朋友，十分熟悉而亲切。人们乐于在各种状态和环境中听音乐（工作、休息、运动、用餐等）。音乐体验在人与人之间创造了某种事物的美妙感受（见图3-22、图3-23）。

图3-23 音乐为餐厅增添了色彩，人们会观看音乐表演

图3-22 工作场所休息室的设计

许多工厂为了改善工作条件,多次尝试在单调的工作环境中运用音乐。英国的一项研究发现,音乐可以提高服装厂女工的生产速度。美国的一项调查发现,大多数人希望在每天的工作时间内放10~16次音乐,上午10点到下午3点左右是最受欢迎的放音乐时间。

听音乐能唤醒人们的记忆和某种心情。有关音乐与记忆的研究表明,某一首歌曲或歌词会刺激神经元触发某些记忆痕迹。相较于其他感官刺激,音乐能够激活更多脑区。音乐的效果十分惊人,甚至已经成为老年痴呆症的一种治疗手段。当人们再次听到一首曾经在他们面前弹奏过的乐曲,他们不仅陶醉于其中,还会清醒和回忆往事。2013年,阿肯色大学音乐认知实验室主任伊莉萨白·玛格丽丝(Elizabeth Margulis)表示:当人们听到熟悉的音乐,即便他们并不喜欢,大脑中主管情绪的部分也会变得活跃起来。

听音乐可以改变人的心情。2015年联合国在国际幸福日曾发起了一项活动,推出了"幸福音乐榜单",呼吁全世界的音乐家来创造"幸福的音乐",用音乐来传达人类的内心情感,传递正能量,影响人们产生积极的情绪,凝聚人心,弘扬幸福。比如小约翰·施特劳斯的《春之声圆舞曲》,表达了生生不息、积极向上、追寻希望的音乐美感,能够激发人们幸福、愉快的情绪。贝多芬《第九交响曲》中的合唱《欢乐颂》,同样是一首阳光音乐,它所传达的积极、向上的力量,会使聆听的人们受到音乐力量的感染,甚至产生万人欢腾的效果。

音乐对人的情绪影响很大。商场里播放乐曲的节奏、音量的大小都会影响顾客和营业员的心情。音乐节奏会影响顾客行动的速度。在顾客数量少的时候,播放一些音量适中、节奏舒缓的音乐,不仅能使人心情舒畅,还能使顾客行动的节奏放慢,延长在商场的逗留时间,增加随机体验的概率,也使销售人员的服务更到位。如果在人流量较大的时候播放一些音量较大、节奏较快的音乐,就会使人们的行动节奏也随之加快,从而提高购物体验的效率(见图3-24、图3-25)。

图3-25 圣托马斯珠宝店播放缓慢的音乐会让人们放慢脚步。圣托马斯岛是加勒比海上的美属维京群岛之一。圣托马斯珠宝店代表了圣托马斯旅游的一个流行特色。

图3-24 超市播放带有区域风格的乐曲会促进该区域特色商品的销售

在广告学理论中，看和听是消费者认知最快的方式。曾有品牌媒体人说："音乐与场景有关，在广告中讲故事，音乐将扮演十分重要的角色，同样的故事换成不同的音乐就成了另一个故事。如果播放的是消费者喜欢的音乐，广告的影响力也会不同。"音乐有助于品牌个性的塑造。比如英特尔简洁的广告音乐，营销者选择与品牌相一致的音乐，展现品牌特色。优衣库与腾讯QQ音乐合作，推出"衣·乐人生"电台、"服装X音乐"的跨界音乐营销项目。通过电台，为六种生活场景（旅行、校园、商务、娱乐、宅家、运动）中的六条产品线设计了六种不同的歌单和宣传语。近200首精选好歌，将线上音乐和线下销售结合起来，打造品牌，促进销量。

博物馆展示和体验性商业展示也十分重视交互技术对声音体验的影响。上海观复博物馆的佛像艺术展区，在展品上方安装了蓝牙播放器。当观众站立于佛像前，感应播放器自动播放诵经的音乐，观众离开后音乐便渐弱，为佛像艺术营造了特殊的氛围（见图3-26）。进入新媒体时代，新的环境概念使空间的听觉体验在设计上实现了立体声环绕或动态景观声音交互混合使用，虚拟现实技术使用户进入一种富有生气的体验空间。

图3-26　上海观复博物馆的佛像艺术展区

思考与延伸

1. 如何理解声音对人产生的心理影响？

2. 尝试记录10种你喜欢的声音和它们让你想到的场景。

3. 噪声具有哪些特点？在空间设计中如何控制噪声？

4. 白噪声具有哪些特点？如何使用？

第 4 章　人的触觉与室内设计

　　人类的耳朵是由皮肤进化而来的，因此当人触摸东西时产生的心理反应与听到声音时产生的心理反应是非常相似的。触摸到光滑的材质会使人身心放松，而触摸到粗糙的材质会使人精力充沛。空间中的温度无时无刻不在影响人的心情和行为。人们的场所体验受到材质的影响，而同一空间中往往包含了不同的材料组合。人们在不经意间，感受着空间的质感，或柔和、或庄严、或质朴、或华丽。同一种色彩的不同材质组合，以协调变化的方式影响着人们的心理感受。

4.1　触觉的基本特点

　　触觉是人类发展最早、最基本、最复杂的感觉。触觉系统通过分布于全身皮肤上的神经细胞接受来自外界的温度、湿度、压力、振动等方面的信息。人体正常的皮肤内分布有感觉神经及运动神经，它们的神经末梢和特殊感受器广泛地分布在表皮、真皮及皮下组织内，以感知体内外的各种刺激，引起相应的神经反射，维持机体的健康。人体表皮的各个触感接收器大小不同，不规则地分布于全身。一般指尖处触感接收器最多，也最为敏感；其次是头部，触觉感受器在头面、嘴唇、舌等部位分布都极为丰富；而小腿、背部和脚后跟最少，最为迟钝（见图4-1）。如果两个手指并成一对或两指同时按在一个人的后背上，他或许不能断定别人是放了一个手指还是两个手指。病人对于背部疼痛的确切位置常常说不清楚就基于此。痛觉实际上是各种刺激的极限，压力太大、太冷和太热、肌肉内部的病变都会产生疼痛的感觉，痛觉是维护机体健康的报警信号。

　　触觉由运动感觉系统与皮肤感觉系统组成，包括温冷觉、痛觉、压觉、痒觉。在处理信息时，触觉感官需要对空间和时间数据进行共同编码。温冷觉是接触空气产生的气温感觉。压觉是由于外力作用于皮肤表面产生的感觉，由于力的大小、位置不同，会产生接触感、软硬感、粗糙感、细腻感等不同感觉。这些感觉信息是由皮肤上遍布的感觉点来接收的。

图4-1　人体的触觉接收器

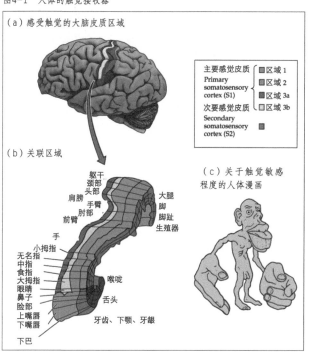

心理学家詹姆斯·吉布森（James J. Gibson，1904—1979）对知觉系统的研究表明，触觉是人类与外界交互最为直接的方式，人类在幼儿时期对于世界的理解首先建立在触觉的基础之上。婴儿在出生之前就可以在子宫中进行触摸活动，粗糙、坚硬、柔软等触感是婴儿最先发展的认知，基本的触感经验帮助幼儿在成长过程中建立对世界的理解。触摸可以引发特定的肌肉运动与神经反馈，对人们探索外部世界、精确化自己的行为和判断具有重要作用。心理学研究证明，人们具有将触感作为判断依据的心理倾向。比如在商店购物时，人们总是喜欢先触摸一下心仪的商品，即便商品的功效或质量与触感无关。日本设计师原研哉在梅田医院识别系统设计中采用消毒白棉布作为基本材料。棉布的质感轻盈舒适，作为医院导视系统不仅让人耳目一新，更让人体会到医院的清洁、柔和的整体心理感受（见图4-2、图4-3）。

人对真实空间的感知并不是由单一感官所决定，而是建立在多重感官体验的基础上的。早在古希腊时期，亚里士多德就已指出触觉在所有感官中的优先性，他认为，"如果没有触觉，其他感觉就不可能存在"。黛安娜·阿克曼在《感觉的自然史》中也探讨了触觉的重要性，"如果没有触觉，人们将生活在一个模糊的、麻木的世界里"。触觉是整合人们对世界的经验和自己经验

的感知方式，是现场感知的第一交流媒介。周围的、不聚焦的视觉和触觉构成了人们对环境的体验。当人们静止地站在一个房子面前，看到的只能是它的一个局部，而不是整体。只有当身体移动，从若干角度观察房子时才能把它完整地看清楚。

人们的场所体验受到材质的影响。表面粗糙的材质通常看起来颜色更深，如果采用粗糙的深色材质装饰墙面，那么墙面会让人感觉距离更近。当采用光亮材质装饰墙面时，墙面则显得较远。当人们触摸到平滑的材质时，会令人心情放松，而触摸到粗糙的材质会让人精力充沛。在进行空间设计时，应该先揣摩一下不同材质给人们带来的心理体验。

在室内设计中，触觉体验应当受到非常的重视。不仅要考虑设计元素的材质、肌理带来的触觉感受，还要考虑温度、湿度等皮肤知觉。环境空间温度过高或过低都会影响受众的情绪。室内环境的潮湿度对人们的健康也会有所影响。人们自身的触觉对机体是有益的，如经常伸懒腰、半躺在摇椅上前后摇摆，这些动作都可以松弛神经系统；经常进行桑拿浴、淋浴、擦身和按摩，可以使痉挛的肌肉放松下来（见图4-4、图4-5）。

图4-2　日本梅田医院的标识系统设计 1

图4-3　日本梅田医院的标识系统设计 2

图4-4　按摩椅让人们放松身体和心情

图4-5　带有按摩和加热功能的汽车座椅

触觉还有更为神奇的作用，即表示亲密、善意、温柔与体贴之情，是启迪人们心灵的窗口。如医生的手触摸病人，病人会为此感到欣慰；手搭肩，可以使人振奋，给人以勇气，也可以缓解紧张和焦虑不安的情绪；身体接触还可以使人的肌肉放松而感到轻松；当朋友之间满怀热情地紧紧握手时，人会觉得更亲切；当人们哭泣时，为他们擦去眼泪，会令其感到无比安慰。研究发现，父母的拥抱和亲吻可以给受惊吓的孩子带来安全感。有研究者认为：没有"触觉"的社会是一种病态的社会，因为它忽视了人的肉体和感情系统的需要（见图4-6、图4-7）。但并不是说人们可以毫无禁忌地到处触摸所有的人，而应在修养、内涵、气质以及自尊自爱的基础上，遵循社会道德规范，把握好距离与尺度。

图4-6　牵手、拥抱、亲吻都可以让孩子感到安全

图4-7　按摩不仅能够缓解婴儿便秘和绞痛的症状，还能够促使他们脑部释放血清素（一种让人感觉良好的化学物质），让他们感到放松，减少哭闹和烦躁情绪

4.2　舒适的温度和湿度

人对温度的感知受到体表温度和核心温度两种情况的影响（见图4-8）。人对环境温度的知觉很大程度上取决于身体和环境的温度差，与身体控制和调节温度的机制有很大关系。人体核心温度要求保持在37℃，核心体温高于45℃或低于25℃人就会死亡。当环境温度过高或过低威胁到人的核心体温时，下丘脑控制的适应机制会帮助人们调节体温。如果体温过高，就启动散热机制，比如出汗、喘气以及外周血管扩张。在炎热的夏季，这些适应机制失败后，就会引起人体一系列的生理障碍，包括热衰竭、中暑和心脏病发作。

图4-8　人对温度的知觉

人们对不同环境温度也有一个适应过程。一个人从气候寒冷地区来到气候炎热地区，适应起来不会太困难。但当人们从热的气候中转移到冷的气候中需要3～14d的适应时间，具体时间取决于个人心血管的状况。风和湿度会影响人体温度适应机制，从而影响人的温度知觉。比如人们夏季用风扇获得凉爽的体验（见图4-9）。同样是38℃的温度，与15%湿度相比，湿度达到60%时，人体更不舒适。空气湿度越大，排汗能力越低。

图4-9　风扇产生的气流有利于调节室内的温度和湿度

体温稳定在一个非常狭小的范围内，这种现象称为体温的体内原态稳定，这对于维持人的健康而言是非常重要的。体温变化超过1℃，就被认为是异常的征兆。从根本上来说是人体内参与物质代谢的酶构成了对温度敏感性的基础。人的身体为了严格控制核心温度，必须具有极其复杂的控制机构，单从热平衡来看，就需要使热的发生和散发保持平衡，人的体内就不断地消耗热量。人的代谢量因机体所处状态不同而有所差异，空腹状态安静横卧时的代谢量称为基础代谢量，普通体格的中年男子大约是60kcal/h。其中1/4用作心脏及其他内脏的运动，1/4～1/3为骨骼的活动所利用，剩余部分用于组织内部的代谢所用。促使代谢量变化最大的因素是肌肉活动。

环境温度条件会对代谢产生影响。一般情况下，气温低产生的热量就增加，气温高则产热量降低，为了与散热达到平衡就需要改变代谢量。饮食和睡眠也会影响人体代谢。由于消化和吸收食物需要消耗热量，所以饭后人的代谢量要提高百分之几。睡眠时，骨骼的紧张度降低，比基础代谢量减少约10%。体格和年龄的差异导致代谢量也有差别。通常，体格魁梧的人比体格瘦小的人代谢量更大，就年龄来看，青少年的代谢量较高，老年人则较低（见表4-1）。

4.2.1 最佳的温度条件

自古以来，人们为了应对寒暑季节气温的更替变化，身心不可避免要承受一些负担，所以，人们就利用衣服、住房和采暖等各种方式来减轻体温调节的负担。在这个过程中，自然也会探究最佳温度条件。日本三浦氏就较宽的温度范围的坐态脑力劳动和站态体力劳动进行实验研究，结论认为气流在10cm/s以下，湿度为50%～60%，穿着普通衣服，从事脑力劳动时以25℃、从事体力劳动时以20℃左右感觉最舒适。空间中的温度影响人的心情和行为。相对于室内温度的升高，人对温度的降低会更敏感。人的手和脚对低温比较敏感，大脑则对高温比较敏感。

实验室环境的研究表明，人体热平衡受到干扰时，在警戒任务中的表现会变差，而达到新的平衡后，表现会改善。长时间的高温会影响复杂的心智任务表现，短时间的高温影响动作任务表现，也可能影响或者改善警戒任务表现。温度对学生在课堂上的表现会产生一定影响。研究表明，在没装空调的教室，温度上升时学生的学习成绩差异加大，有些学生的学习表现变差，而有些学生反而变好。在装有空调的学校，最热的季节对学生的学习表现也没有影响。高温对作业的影响中，唤醒、注意、控制感、适应水平都起着解释作用。当人们经历几段高温或寒冷而产生不适感的时候，人际吸引力会降低。图4-10总结了关于温度对行为产生的影响。

表4-1 日常生活中运动和其他活动的热量消耗

运动项目	消耗热量 /cal	活动项目	消耗热量 /cal
慢走（1h4km）	255	开车	82
快走（1h8km）	555	工作	76
慢跑（1h9km）	655	读书	88
快跑（1h12km）	700	午睡	48
单车（1h9km）	245	看电视	72
单车（1h16km）	415	看电影	66
单车（1h21km）	655	跳舞	300
有氧运动（轻度）	275	健身操	300
有氧运动（中度）	350	跳绳	448
体能训练	300	打拳	450
仰卧起坐	432	泡澡	168
走步机	345	洗衣服	114
爬楼梯	480	烫衣服	120
爬楼梯1500级	250	洗碗	136
游泳（1h3km）	550	插花	114
网球	425	锯木	400
桌球	300	骑马	350
高尔夫球	270	遛狗	130
轮式溜冰	350	郊游	240
郊外滑雪（1h8km）	600	逛街	110

注：1cal=4.18J。

图4-10 温度对行为产生的影响

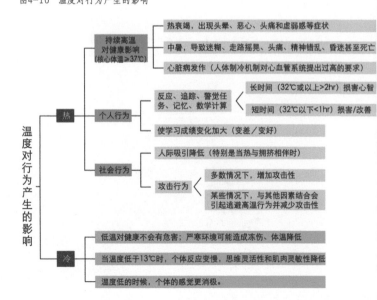

我国传统建筑设计综合考虑室内环境的温度、湿度和通风。北京四合院建筑的特点是按照南北轴线对称布置房屋和院落，坐北朝南，大门一般开在东南角，门内建有影壁，外人看不到院内的活动。这种住宅设计注重保温防寒，避风沙，外围砌砖墙，整个院落被房屋与墙垣包围，硬山式屋顶，墙壁和屋顶都比较厚实。云南西双版纳地区属于热带雨林气候，气候炎热潮湿多雨。在这里傣族的干阑式建筑被称为傣家竹楼，上下两层的高脚楼房，高脚是为了防止地面潮气。竹楼底层一般不住人，是饲养家禽的地方；上层为人们居住的地方，是整个竹楼的中心。房顶呈"人"字形，易于排水，不会造成积水的情况。

傣家竹楼的室内布局很简单，一般分为堂屋和卧室两部分。堂屋开阔，在正中央铺着大竹席，用来招待来客和商谈事宜，外部设有阳台和走廊。堂屋内一般设有火塘，是烧饭做菜的地方。从堂屋向里走便是用竹围子或木板隔出来的卧室，卧室地上也铺上竹席，这就是一家大小休息的地方了。整个竹楼非常宽敞，空间很大，遮挡物也少，通风条件极好，非常适宜于云南西双版纳潮湿多雨的气候条件（见图4-11、图4-12）。

图4-11　云南西双版纳地区的傣家竹楼

图4-12　傣家竹楼的走廊

4.2.2　供暖和供冷

室内供暖和供冷主要以人体温度适应为依据，会进行统一的采暖通风设计。冬季，住宅建筑室内温度分布有较大差距，冷暖空气的自然特性使得地面到顶棚温度有差异，房间与房间、房间与走道、客房与大堂、卧室与客厅等建筑内部的不同部位之间温度会存在差别。当仅有一间卧室供暖时，与相邻的门厅、厕所、浴室的温度差可以达到10℃以上。温差会增加人体调适的负担。研究表明，30多岁的年轻人从供暖19℃的卧室到厕所，血压会上升10mmHg以上，这对患有动脉硬化的老年人是很不安全的。

空间中的地热和较高温度的热风都有利于减少压力，待在这样的空间里会使人感到很舒适（见图4-13）。男人和女人对温度的反应也不同。无论冷暖，男人对温度的适应能力更强。研究表明，夏天相较于冬天，女性比男性喜欢更高的室温。夏天比冬天高2℃，女性比男性高1~2℃。就年龄而言，老年人比年轻人怕冷，喜欢较高的温度。供暖会影响室内湿度，湿度降低会增加室内粉尘与致病微生物的飞扬传播。供暖面临的问题是温度的均衡分布，因此热源的位置、气流的方向和强度控制都十分重要，过于密闭的、没有气流流通是不可取的。

图4-13　节能别墅采用地源热泵将热量从地面传递到室内，为建筑物供暖和制冷

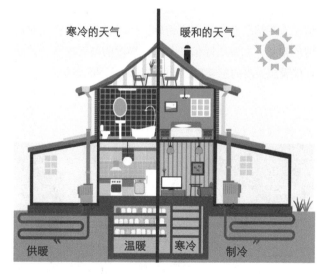

4.3 材质与肌理的心理效应

4.3.1 概述

环境的质感主要来自对不同触觉的感知和记忆。室内材料不仅反映室内视觉的美学效果，也关乎室内空间的舒适度和体验性。包豪斯早期阶段的重要负责人伊顿在《造型艺术基本原理》一书中写道："……他们陆续发现可利用的手工材料时，就更加能创造具有独特材料质感的作品来。"

不同材质因其质地、色彩不同，会给人在视觉、触觉等方面带来不同的心理感受。心理学研究发现，当被试者触摸或接触硬物时，会将他人的性格判断为更加强硬、严格或稳重。美国耶鲁大学心理学家威廉姆斯和巴格（Williams and Bargh，2008）的实验证明，皮肤上的冷热物理体验会对人的认知判断带来显著的影响。实验者把41名大学生随机分成两组，一组大学生拿一杯热咖啡，另一组大学生拿一杯冷咖啡，然后请大学生对一个想象中的人物进行人格评估。研究结果表明：手拿热咖啡的被试者更倾向于认为该人物热情、和善，让人感到温暖；而手拿冰咖啡的被试者更倾向于评价该人物冷漠、不友好，难以接近等。加拿大的心理学家通过实验证实，在游戏中与那些被他人接纳的、积极参与到游戏中的被试者与那些被游戏同伴冷落和拒绝的被试者相比，后者更倾向于要一杯热咖啡，似乎他人的冷落导致了冷的身体感受，因而想要一杯热咖啡来温暖自己的身体（见图4-14）。其他类似的实验表明，温暖的体验会增强人际信任感与社会亲密感，而亲密感也会影响对温度的知觉。知觉人际信任与知觉温度的脑区重合，甚至仅仅设想温暖的感觉都会影响被试对温度的感知。

选择室内材料不仅需要考虑防水、防潮等室内条件的要求，也需要考虑材料的温度、质地和硬度。比如在潮湿的浴室入口，地面上铺设木质格栅或草垫比起光滑的材料更令人感到舒适和放心。因为地板湿滑会使人感到担心，容易疲劳。在水磨石、大理石等容易打滑的地面上行走，人们不得不把注意力集中于防止摔跤上，腿部肌肉保持时刻紧张，也容易引起疲劳。这种情况下，人们的步距比正常时小10cm。冬天，地面冰冷的温度也会引起不适，尤其是当皮肤一接触到物体温度就迅速下降时。日常经验得知，当铺设木地板时，室温为18℃，脚掌踩踏的瞬时下降温度在1℃内，人体是感觉舒适的（见图4-15、图4-16）。

图4-15 浴室可采用防水木地板

图4-16 浴缸或浴室外放置一块木板会让人感觉舒适又安全

图4-14 温度会影响人们的态度和判断

同一界面上，材料质感的变化可以作为划分空间和影响行为的暗示，比如人们使用大理石铺地和地板来区分公共交流空间和休息区域。不同的质感可以唤起人们不同的情感反应（见图4-17、图4-18）。

从材料于人的心理感受而言，室内装饰材料可分为近距性材料和远距性材料。近距性材料包括织物、木材、皮革、陶瓷等；远距性材料包括大理石、混凝土、砖石、玻璃、金属等。前者给人以温和、舒适之感，更容易让人产生亲近感，更多使用于居室环境；而后者给人一种理性与冷漠的感觉，多用于公共建筑的室内空间（见图4-19、图4-20）。日本建筑师隈研吾和他的团队致力于新材料的研究，并将新材料使用到以人为本的建筑设计中。他认为，"天然和人工的界限其实很模糊，当某个事物与它存在的场所产生幸福的联系时，我们就会觉得它是自然的"（见图4-21）。

图4-19　美国好莱坞洛伊斯酒店客房采用近距离材质的客房给人温馨舒适的体验

图4-17　位于丹麦哥本哈根的贝拉天空酒店大厅用两种不同地面材质区分空间

图4-18　美国伦道夫梅肯学院一楼使用地毯分隔出通道和停留空间

图4-20　澳大利亚悉尼火车站候车厅给人一种强烈的理性和序列感

图4-21　日本建筑师隈研吾的建筑团队致力于新材料的研究——关于3D打印技术在建筑物中的使用

4.3.2 木材

木材是中国传统木构架建筑的主要材料。木材易于加工，可塑性强。在现代建筑设计中木材已很少作为主体结构，但它是建筑室内设计的重要材料之一。木材具有质量轻、传热性差和导电性差的优良特性。

不同木材的颜色、质地、纹理各不相同，但都能给人以温暖、柔和、自然的感觉。明度和饱和度高的木材，使人感到明快、华丽、整洁、高雅和舒适；反之使人有深沉、稳重、素雅之感；而暖色调的红、黄、橙等色调给人以温暖之感。木材对光产生柔和的反射，给人视觉上的和谐，更重要的是木材可以吸收阳光中的紫外线，减轻紫外线对人体的危害；同时木材又能反射红外线，这也是木材产生温馨感的原因之一（见图4-22）。

木纹具有天然的纹理，裁切方式不同会呈现出不同的图案。自然的木材没有两片是完全相同的，自然天成的形态才会带给人们生命的韵律感。木材是一种具有生命力的材料，而木材的冷暖感觉，正好符合人类活动的需要，让人感觉最温暖，给人触觉上的和谐，也是人们喜爱用木板家居装饰居家环境的重要原因。由于木材是由细胞组成的特殊管状结构，表面有一定的粗糙度，经过刨切和砂磨的木材表面也不完全光滑，所以在木质地板上行走时，人步行感觉平稳，与脚和木材表面产生的摩擦力有关（见图4-23、图4-24）。

图4-23 服装设计零售商店

图4-24 深色木纹家具与浅色木地板的搭配，营造出现代、典雅的氛围

图4-22 美国陆军工程兵团联邦中心南楼

不同木材硬度不同，多数针叶树的硬度小于阔叶树，不同断面的木材，硬度差异也很大。在使用时要根据不同使用环境选择木质，如硬度高的木材做成桌面，会减少划压痕迹，但是太硬的地板，舒适感就有所下降。声波作用在木材表面时，一部分被反射，一部分被木材本身的振动吸收，还有一部分被透过。被反射的占90%，主要是柔和的中低频声波，而被吸收的则是刺耳的高频声波。因此在生活空间中，合理应用木材，可令人感觉到听学上的和谐（见图4-25）。

木材具有调温和调湿特性。研究表明，人类居住环境的相对湿度保持在45%～60%为宜。木材对于室内温度具有一定的调节作用。当周围环境温度发生变化时，木材自身为获得平衡含水率能够吸引或放出水分，直接缓和室内空间温度的变化，起到调节室内温度的作用。通常情况下，木材越厚，其平衡含水率的变化幅度越小。

从实验结果看，3mm的木材，只能调节1d内的温度变化，5.2mm可调节3d，9.5mm可调节10d，16.4mm可调节1个月，57.3mm可调节1年。所以要想使室内温度保持长期稳定，可以适当增加装修材料木材的厚度。

另外，木材的气味有助于室内保健。我国自古就用樟木、檀木制作衣箱等，杀菌防虫。最近，人们发现有些木材的气味还具有杀螨虫、除臭、增进环境舒适性的作用。木材的气味大多数是很清爽的。这样的气味带来快乐、舒适的感觉。此外，木材的气味还具有消除难闻气味的除臭作用。木材精油具有消除氨、二氧化硫、二氧化氮等恶臭气体的功效。有些木材还具有一定的生理保健作用，如有活性成分的冷松、樟脑等能使人兴奋，有些有降压、镇痛和舒张血管或者利尿、去痰等调养功能（见图4-26～图4-28）。

图4-25　木床

图4-26　茶台

图4-27　樟木箱

图4-28　美国加州大学伯克利分校环境设计学院的画廊

木材是大多数中国家庭喜爱的材料，木质地板几乎成了家庭室内地面铺装的首选材料。相较于大理石地砖或瓷砖，木地板从感觉上给使用者带来一种质朴、轻松、舒适的体验，以及宁静、平和的心态（见图4-29~图4-36）。

老年人通常喜欢宁静的生活，木材的特质使人感觉特别宁静舒适，给人置身于自然的感受。木材可以被加工成各种形状，但都能传递出原始、质朴、简单、温暖、自然的心理感受，给人以亲切感。木材分为针叶树材和阔叶树材两大类。杉木和各种松木、云杉和冷杉等是针叶树材；柞木、水曲柳、香樟、檫木及各种桦木、楠木和杨木等是阔叶树材。

图4-29　使用防腐地板的木平台让人感觉亲切、舒适

图4-30　略带起伏的木纹令房间显得温暖而亲切

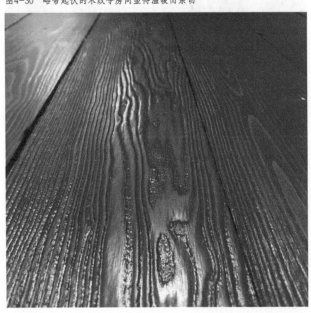

图4-31　采用了木材的车站雨篷给人亲近的感觉

图4-32　金丝楠木家具圆桌

图4-33　再生木材与石材贴面的组合打造的壁炉

图4-34 木地板的材质小样可供设计师选择

图4-36 木书橱的墙面

图4-35 国际著名建筑师坎帕纳兄弟、扎哈·哈迪德和
其他人推出的预制展馆照片

图4-37　竹结构建筑屋顶形成奇特的序列感

图4-38　哥伦比亚建筑师西蒙·韦莱兹（Simon Velez）利用竹子的独特特性建造的罗西尼埃户外展览的主题场馆

4.3.3 竹子

北宋诗人苏轼爱竹，作诗云："宁可食无肉，不可居无竹。无肉令人瘦，无竹令人俗。人瘦尚可肥，士俗不可医。"自古以来，竹子不仅是文人墨客笔下永恒不变的主题，更是中国人对居住环境高雅品位的体现。竹子天生笔直，这种特性是树木无法企及的。它的几何美感吸引着建筑师。但这种材料并没有大规模地在建筑中使用，是因为竹子干燥后会裂开，难以作为建筑主体结构。日本建筑师隈研吾和他的工作团队曾尝试在竹节中插入钢材并注入混凝土，创造出混凝土填充竹管（见图4-37～图4-42）。也有一些特殊的南美瓜多竹在干燥后不会出现开裂的现象。竹子的另一个特性是柔韧性，易于弯曲。

图4-39　隈研吾设计的长城脚下的公社

图4-40　竹结构建筑屋顶形成奇特的序列感

图4-41　巴西乡村竹屋

图4-42　马来西亚吉隆坡市中心佩尔达纳（Perdana）植物园里的竹制公共凉亭

4.3.4 石头

以前人们垒砌沉重坚硬的石块，筑起坚固的墙壁，以它为媒介联系起人类和环境。人手精心垒砌的石壁如石头般坚固，又极具人性，与人类的手紧密联系在一起。

大理石、花岗岩、水磨石等石材，不仅色彩、肌理优美，而且耐磨，易于冲洗清洁，适合于大面积的拼接安装和镶嵌，在室内环境设计中经常使用（见图4-43）。弗兰克·莱特（Frank Lloyd Wright，1867—1959）在他的经典建筑设计作品流水别墅的室内设计中大量保留了自然原石的材质，使人犹如置身于自然环境中（见图4-44）。石材代表着结实、厚重、沉稳。在建筑物的底层，人们更喜欢使用石材，因为它给人以结实耐久的感觉。石材既能表现出庄重、严谨的气质，也能展现出名贵、华而不凡的气派。石材会因为光环境的不同而表现出丰富的肌理效果，表面光滑平整的石材会形成一种类似镜面的效果，而哑光表面平整的石材在阳光照射下形成柔和细腻之感。美国纳帕山谷的葡萄酒厂管理用房的石块墙是这个建筑最具特色之处，在钢丝网框架中，随意堆砌的石块不但构成了建筑独特的外部肌理效果，透过石块间不规整缝隙在室内形成的投影效果更是丰富而迷人（见图4-45）。夜间，室内灯光透过石缝，使建筑变成星光点点的发光体。

图4-44 流水别墅室内

图4-45 纳帕山谷的葡萄酒厂

图4-43 石材和木材构建的厨房

　　这座位于瑞士阿斯科纳村的简陋石屋的翻修将其与现有的浪漫棕榈树花园和石墙融为一体。建筑师维斯皮·德·梅隆·罗密欧在一个陡峭的斜坡上改造了一座旧的石头房子，并将其简化为一个带有露台花园的简单的现代石头立方体（见图4-46～图4-51）。

图4-46～图4-51　瑞士一座现代化的石屋，带露台花园，可俯瞰瑞士马焦雷湖

4.3.5 混凝土

混凝土作为当今建筑的主体材料，具有适用范围广、不挑剔地点的特性。它由砂、碎石、水泥、钢筋构成，在世界任何地方都可获得（见图4-52、图4-53）。19世纪，混凝土、钢材、玻璃等新兴材料的使用产生使得建筑具有透明性。隈研吾在《自然的建筑中》写道：透明性缩短了建筑外大自然与建筑内人类之间的距离。人们想要亲近自然的感情更加剧了建筑的透明性。正是因为这个原因，石材与砖作为建筑主体材料的地位受到了威胁，人们对于大自然的渴望让他们更倾向于选择混凝土。混凝土质地坚硬，强度高，具有极佳的耐久性、抗震性和防火性，也不会被虫类啃噬，在上面安装东西也很容易。

但是，由于混凝土表面缺乏丰富的质感，在视觉上显得单调、笨重而缺乏人情味儿，从前，室内空间设计中很难见到完全使用裸露的混凝土墙面。设计师习惯在混凝土墙面上利用各种贴面材料加以装饰，比如贴上大理石片，表现权力和财富；贴上铝材和玻璃，就可以表现科技和轻量感；贴上木材和硅藻泥，就能展现出自然的气息。如今，一些创新的艺术家在尝试对冷漠的混凝土进行改良设计，使它能更亲近人。有些艺术家将不同厚度的玻璃碎片嵌入大块混凝土中，使其能透过一些自然光线，缓和这种粗糙的材料（见图4-54~图4-57）。

图4-53　名为"沉默之家"的建筑用暴露出来的混凝土营造了肃穆、沉默的感觉

图4-52　乡村别墅：奥地利小屋，内部由混凝土、木材和玻璃制成

图4-54　卧室设计巧妙地运用了混凝土墙面粗糙、
自然质朴的质感

图4-55　使用混凝土塑造了灰色调、富有现代感的卫生间

图4-56　美国时尚品牌瑞秋·科米（Rachel Comey）实体店
室内空间采用天然材料，如混凝土和木镶板，与豪华天鹅绒窗
帘和定制勃艮第皮沙发并列。

图4-57　预制混凝土建筑的办公室

4.3.6 砖块

砖块，不论是红砖还是青砖都给人以自然、古朴的感觉。砖块质地粗糙，对声音有很好的吸收作用，尤其是手工制作的砖块，大小不一，建造起来会有一种粗糙的美感。芬兰现代建筑师阿尔瓦·阿尔托（Alvar Aalto，1898—1976）的夏季别墅（Summer House）建筑外墙使用了砖块，砖块并不是采用整齐的排列方式，而是表现出不同大小、凹凸、高低、水平或垂直的变化，在阳光照射下显示出或深或浅、或疏或密的"编制"效果，温情而细腻地展现出浓浓的乡村气息和设计师的独具匠心（见图4-58）。然而在苏格兰皇家音乐学院（IRCAM）扩建项目中，意大利当代建筑师伦佐·皮亚诺（Renzo Piano，1937—）在设计中摒弃了传统砌筑的方式，将陶砖安装在金属铝框架中作为标准外墙的装饰板，再固定在金属龙骨上（见图4-59）。陶砖和金属结合使用展现出强烈的工业化特征。砖块通常给人质朴无华的怀旧感，但在设计师的手中，这样传统的建筑材料展现出一种奇特的现代感（见图4-60 ~ 图4-64）。

图4-58 芬兰现代建筑师阿尔瓦·阿尔托（Alvar Aalto）的夏季别墅
1949年，阿尔瓦·阿尔托在芬兰西部海岸Muuratsalo岛上为自己设计的一个夏天度假的住宅。

图4-59 苏格兰皇家学院扩建

图4-60 董玉干的砖雕艺术馆

图4-61 自行车停车库的光阴

图4-62　现代风格的楼梯与裸露砖墙的烟囱形成视觉对比

图4-63　再生砖瓦在超现代建筑中的使用

图4-64　位于美国纽约的某高级美甲沙龙的室内设计

4.3.7 玻璃

玻璃是一种较为透明的固体物质，属于硅酸盐类非金属材料。普通玻璃是由石英砂、纯碱、长石及石灰石经高温制成。玻璃具有光洁、透明、晶莹剔透的特点，被广泛运用于建筑窗户、室内隔断。玻璃能够挡风、接受自然光线，人们透过玻璃能够欣赏到自然景观，获得良好的视野。玻璃作为边界可以在隔断空间的同时保持视线上的连续性，创造良好的可视性，创造出丰富的空间层次感，使空间层次得到延伸和扩大，有效调节环境的虚实关系。

玻璃给人一种特殊的感觉。当它与灯光配合时，可以创造出现实中不存在的"梦幻景象"。玻璃马赛克和自然光的结合创造出教堂建筑神圣非凡的气氛（见图4-65）。如今，玻璃已成为日常生活、生产和科技领域的重要材料。根据生产加工工艺的特性，玻璃可以分为许多种类，如热熔玻璃、浮雕玻璃、锻打玻璃、晶彩玻璃、琉璃玻璃、夹丝玻璃、聚晶玻璃、玻璃马赛克、钢化玻璃、中空玻璃、调光玻璃等。玻璃产品因为加工手段多样而具有较好的可塑性，可以成为现代室内空间中别具一格的材料（见图4-66～图4-70）。特殊的技术可以使玻璃发挥更多作用。比如浴室玻璃具有防雾、去雾的功能，洗完澡不用再一遍遍擦镜子了。

图4-66　无框玻璃栏杆系统

图4-67　电解雾化玻璃可以调节空间隔断的可视性

图4-65　圣家族教堂内部

图4-68　图书馆内部店面上的半透明薄膜比相邻的自助餐厅提供更多的隐私，让人看到远处的书堆，并让日光照射到走廊上

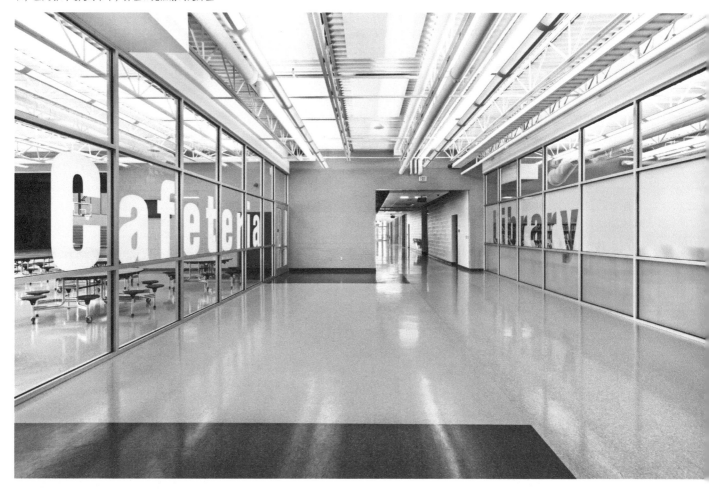

图4-69　位于美国洛杉矶的某住宅建筑的磨砂玻璃大门

图4-70　玻璃分隔了物理空间，形成内与外的不同空间，视觉上保持通透性

4.3.8 钢材

钢材给人以冰冷与理智的感觉。金属材料是一种质地均匀、有光泽、易加工成各种形状的高强度材料。在建筑结构和外墙中广泛使用，可以很好地展现出建筑的力量、科技含量和美感。使用金属材料的另一个好处是可以回收再利用。建筑大门和阳台上所使用的铁艺栏杆，给人以浓厚的韵味，而铝合金和不锈钢材给人以理性、简洁和很强的现代感。然而许多金属对人体是有害的，特别是重金属，比如铅、汞、镉等。因此，设计师进行室内环境设计时，需要对这些有害金属进行严格的管控。阿拉伯世界研究中心（Arab World Studies Center）是法国建筑大师让·努维尔（Jean Nouvel，1945—）的代表作。该中心最引人注目的是其立面上可随光线变化自动调节进光量的金属表皮。金属表皮打破了人们以往对金属材料在建筑中的运用方式，将金属材料分割成不同形状的小型构件，重新组装成方形的带有阿拉伯风格的图案，并以此为基本单位不断重复形成里面。此时光线通过这些图案化的表皮投影在室内的地面和墙面，形成带有图案的光斑，使整个建筑内部空间传递出浓厚的阿拉伯味道（见图4-71～图4-75）。

图4-72 阿拉伯世界研究中心2

图4-71 阿拉伯世界研究中心1

图4-73　采用高强度和耐腐蚀双向不锈钢螺旋桥和不锈钢面板
的新加坡滨海湾金沙艺术和科学博物馆

图4-74　旧厂房建筑改造的办公室空间设计
荷兰鹿特丹德尔夫沙文（Delfshaven）附近一家旧蒸汽工厂的主空
间改造项目。范斯皮克（Jvantspijker）城市建筑工作室重新设计
了一个开放的办公室。

图4-75　澳大利亚悉尼海滩边的餐厅库吉馆

一般的金属材料通常具有一定的光泽，富有延展性，容易导电、导热。经过加工后表面光滑的金属给人细腻、高贵、光洁、凉爽的感受，而表面粗糙、氧化、锈蚀的金属则给人另一种感觉。耐候钢板具有优质钢的强韧、塑延、成型、焊割、磨蚀、高温、抗疲劳等特性，在许多建筑中作为主要材料使用，如今在室内也经常能够看到耐候钢的作品（见图4-76）。许多高科技产品常使用铝、钛、镁等轻金属及其合金制造，这些材料具有轻巧坚固的特点，适合于现代电子设备对材料的要求，比如手机、电脑等。同时这些材料表面没有强烈地反射光线，而是淡雅柔和地泛光，质地细腻，具有科技感、时代感和未来感。因此，在设计关于未来、宇宙、数码科技等类型的室内空间时，将这些金属材料作为表面涂层材料都是很好的选择。

图4-76 别墅的穿孔铜楼梯

思考与延伸

1. 触觉具体包括哪些感觉？
2. 如何理解人体对温度和湿度的适应性？
3. 记录和比较不同材质的同类家具给人的心理感受。

第 5 章　人的嗅觉与室内设计

　　人脑中处理气味和情感信息的部位是同一个，因此人的情绪很大程度上受到气味的影响。空气中的特殊气味可以引发人们清晰的记忆。如果你十分喜欢和外婆待在一起，那么她经常使用的肥皂香味会带给你美好的回忆。熟悉的气味会引起我们对某些事物的回忆，当我们闻到自己特别喜欢的气味后，便能够提高处理信息的能力。人对场所的良好感官体验往往是从气味开始的。

5.1　嗅觉的基本特点

　　人的嗅觉是一种远感，是长距离感受化学刺激的感觉。现代科学认为视觉、听觉、触觉为物理感官，而嗅觉和味觉是化学感官，味觉属于近感。人平均每天呼吸20000次，嗅觉是人唯一无法关闭的感官。嗅觉的重要性在不同物种之间有很大区别，人类将嗅觉与味觉结合起来寻找和获取食物，但对许多其他物种而言，嗅觉也被用来探测潜在的危险源。

5.1.1　嗅觉会影响人的情绪

　　嗅觉与其他感觉不同，信息会直接传递到大脑的边缘系统。科学研究发现，人体的嗅觉接收器与大脑最古老、最原始的边缘系统直接相连，这种系统正是主管情绪感应的区域，会引起人们关于情绪的回忆（见图5-1）。事实上，当人们闻到香味之前，香味已经先一步刺激到边缘系统，启动了人类最深层次的情绪反应。关于气味反应所做的调查结果显示，嗅觉上的喜好与情绪有关。

图5-1　人的嗅觉器官结构

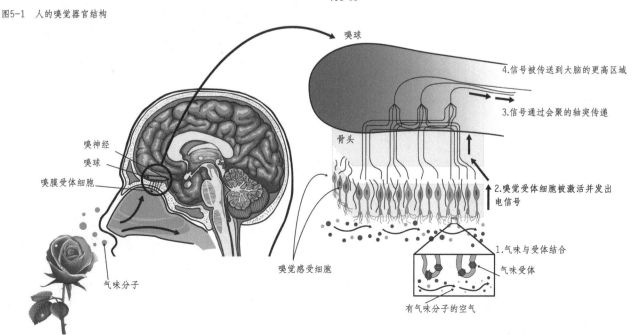

在空间环境里，不同的气味会使人产生不同的情绪变化，从而使人记起以前的某些场景或激发人们的潜意识。在美国纽约的一家气味储藏室，工作人员搜集各种气味，其目的是利用嗅觉引发人们的回忆，让人们想起某些情境，比如对祖母的怀念或是对初恋情感的怀念。

5.1.2 嗅觉与品牌营销

明略行公司在全球13个国家进行了"品牌感知"调查，研究结果显示83%的传播活动依靠视觉传达，这并不令人惊奇。令人惊奇的是，当人们需要做出情感反应的时候，嗅觉却是更为强大的导火索，日常生活中75%的情感活动都受到了气味的影响。在营销领域，香气已被大量地用于零售和服务环境当中。一些生产者通过改进商品自身的香味来提高顾客的购买欲望，如在洗发水中添加香料，可能引发一些特殊的情绪反应。此外，对于一些本身没有香味的商品或环境如珠宝、服装、酒店等，商家则通过在营销环境中放置特定香味，形成环境香味，提高顾客的消费满意度和对品牌的记忆，从而提高销售额（见图5-2～图5-4）。

嗅觉体验是真实而直接的，是空间环境设计中不可或缺的元素。星巴克咖啡是全球第一家用咖啡传递文化的品牌，当你经过任何一家星巴克连锁店时，都会被空气中弥漫着的浓浓香味吸引，让你不由自主地想喝一杯（见图5-5）。它的咖啡香味能够带给人美好惬意的感觉，使环境也多了一分温馨。许多高端酒店运用香味来营造空间。如喜达屋酒店集团旗下的每个品牌都拥有自己的品牌香味，为顾客创造特别印象。设计师们正尝试制造刺激嗅觉的应用程序以及与之相连的数码产品。细心留意，你还会发现很多类似的做法。

图5-2 上海环茂商场内特制的香味令人感到精神舒爽

图5-3 美国加利福尼亚圣地亚哥威斯汀酒店大堂

图5-4 美国旧金山联合广场酒店威斯汀圣弗朗西斯酒店大堂

图5-5 英国伦敦考文特花园星巴克咖啡旗舰店

5.2　嗅觉记忆与香味的使用

5.2.1　嗅觉记忆

芬兰建筑大师尤哈尼·帕拉斯玛（Juhani Pallasmaa）认为，对空间最强的记忆就是对空间气味的记忆。一种特殊的气味会使人仿佛重新进入一个已经彻底地从视觉记忆中抹去了的空间。美国作家海伦·凯勒（Helen Keller，1880—1968）曾经说过："嗅觉就像一个强大的巫师，他能瞬间让你置身千里之外，又能帮你在时间隧道中追忆似水年华。"

人对气味的记忆相当牢固，可以持续很多年，远远长于视觉带来的记忆。人能记住很多气味并且印象深刻。如医生利用气味疗法唤起失忆症患者的语言以及与之相应的点滴生活记忆。1996年，法国化妆品女性高管协会（Cosmetic Executive Woman，CEW）在欧洲最著名的一家医院成立了第一家美容中心，目标是为遭受灾难和疾病的患者提供情感和心理上的支持（见图5-6）。医院里的患者大多是因汽车事故、滑雪或其他事故造成脑部损伤而患有痴呆。美容中心的专家们把超过150种独特的香精装进瓶子，主题包括森林、青草、雨水、海洋、巧克力等。他们使用这些香料帮助患者重拾失去的记忆。CEW曾帮助过一个化妆品公司的高层，他患有严重的中风，几乎完全想不起自己的过去。然而，在让他闻了草莓味时，这位患者结结巴巴地开始讲述他年轻时的往事。另一个严重受伤的患者无法记起他经历的那场摩托车事故，但当他闻到事发那路面的味道后，喃喃道"柏油路、摩托车"，这帮助他踏上了恢复之路的第一步。这些案例表明，某些与人童年的记忆关联的嗅觉对于恢复哪怕是最严重的脑损伤都是极其有效的。

嗅觉能加深人对环境的体验和记忆，甚至终生难忘。美国3M公司的嗅觉广告曾宣称："如果想要他们知道，就说给他们听；如果想要他们相信，就拿给他们看；但是，如果想要让他们记住，就让他们闻。"

适宜的香味不仅能够使人心情舒畅，还能够形成特别的吸引力、识别力及记忆力。营销专家马丁·林斯特龙（Martin Linstrom）的研究案例中有一家连锁购物中心的营销者们把目标客户锁定为孕妇。他们在购物中心服装区的每个角落喷洒了强生婴儿爽身粉，然后在食品饮料区注入了樱桃气味。他们还播放舒缓的音乐，而且是孕妇们儿时流行的音乐。购物中心的高层希望这种做法能提升孕妇们的购物热情。他们确实成功了。但是，令人吃惊的是，营销还带来了一个意想不到的结果。在这次感官实验结束后约一年，购物中心收到了很多妈妈的来信，说她们的孩子对这家购物中心"十分着迷"。只要一进入购物中心，婴儿们就会安静下来，新一代购物中心的消费者就此"产生"了（见图5-7、图5-8）。

图5-7　购物商场的母婴区1

图5-8　购物商场的母婴区2

图5-6　2016年，在纽约举行的年度CEW美容奖午宴上，800种创新产品中有703种产品与获奖者争夺令人垂涎的CEW美容奖印章

5.2.2 香味的使用

对于香的使用，早在中国古代就已兴起，可用一段话来概括："始于春秋战国，滋长于秦汉两朝，完备于隋唐五代，鼎盛于宋元明清。"春秋战国时期，王公贵族们通过熏烧、佩戴香囊、煮汤、熬膏、入酒的方法，用于祭祀、驱虫、辟秽之用。秦汉时期疆域扩展，南方的香料得以进入中原，海陆两地的"丝绸之路"为东南亚、欧洲等地的香料进入中国大开方便之门。道教和佛教的传入在一定程度上推动了香文化的发展，香料调制的方法也趋于多样化。大唐盛世时期，国内外贸易往来频繁，"丝绸之路"使得西域的香料源源不断流入国内，香不再是贵族的专属，而受到文人、药师、医师、佛家、道家人士的青睐。宋朝以前，香是王公贵族、文人墨客的身份象征，是优雅生活、怡情养性的悠闲追求。这一时期，香已经能够走入平常百姓家中，人们在居室内使用熏香，宴庆活动要焚香，出行在外配香囊，制作茶点添加香料。这一时期的香具种类繁多，香炉、香盒、香瓶、烛台等造型精美多样（见图5-9）。清朝末年，国家连年战火，百姓居无定所，中国香文化的发展也停滞不前。19世纪时欧洲的制香技术已经不局限于传统形式，合成香料取代了天然香料，为制香行业带来了丰厚的利润。越来越多的人喜欢用香、品香。人们对香水的运用渗透到生活的方方面面，从儿童教育用品到企业工作环境和医疗机构。

气味有成千上万种，香料也有数以万计，合适的香味能够展现空间的个性，彰显品牌特性，让使用者和消费者获得愉悦的体验。因此，人们将香料分为不同的种类和风格。按照原料来源可分为天然香料和合成香料。天然香料以动植物产生芳香的部位为原料，通过蒸馏、浸提、压榨等方法加工制成精油、浸膏、香膏、酊剂等产品，例如薰衣草、玫瑰来自植物的花香，檀香取自木材，麝香取自动物体内的分泌物（见图5-10）。合成香料是以煤、石油化工产品等为原料，通过化学合成方法制取有香味的化合物。目前，世界上的合成香料已多达5000多种，是现代精细化工的重要组成部分。

香味为空间提供了富有生气的感受，增添了日常生活的情趣，并成为重要的场所识别特征。与听觉信息一样，嗅觉信息也常成为视觉和行动引导，某种气味会引起人去寻找相应的视觉对象。有些商家为了吸引更多顾客上门，还特意用风机将烤面包的气味送到街上。商场里咖啡的香气也会让人感到轻松、舒服和愉悦（见图5-11）。

图5-10 薰衣草的香囊

图5-9 焚香炉

图5-11 超市的面包架

5.2.3 香味彰显空间个性

香味作为一种品牌特色被成功运用于高端酒店室内装饰中。如何恰到好处地以"香"味吸引客人，是现在品牌营销中的一个策略。为了使顾客在异乡的繁忙工作中还能感受到家一般的安宁和舒适，许多酒店在视觉、嗅觉、触觉等多种感官体验中颇费思量。纽约香气基金会执行董事长特丽萨·莫尔纳（Theresa Molnar）说，标志性的香气是"感官性品牌策略"的一部分，已被很多公司所采纳。如香格里拉酒店以香草、檀香和麝香为基础香调，其中掺杂了佛手柑、白茶和生姜形成典型的"香格里拉香味"；威斯汀酒店的香气氛围由天竺葵和小苍兰混合而成的白茶味为基调；福朋喜来登酒店使用由美国仙爱尔芳香公司为它们量身定制的混合无花果、薄荷、茉莉和小苍兰香的"风车味"（见图5-12）；丽思·卡尔顿酒店的香味是由佛手柑、柑橘、青竹、南姜、肉豆蔻、雪松木、檀香木组成的青竹香（见图5-13）；以及上海新天地朗庭酒店的姜花香。每一家酒店都根据自己的品牌特色全新打造属于自己的独特香味。即便是同一集团下的多家酒店都有自己专属的品牌香气。

酒店不同空间内对于香气的使用是有主次之分的。酒店大堂、行政酒廊、宴会厅、会议中心、客房、健身房等都是酒店香氛塑造的重点区域。顾客进入酒店的前10min就决定了对酒店的印象。视觉和嗅觉的感受是最为直接的，由于大堂内一年四季会选择不同的花束搭配，当选用到百合等有香气的花卉时，要注意花束摆放的位置，最好放置于门口通风处，以免干扰酒店的独特香气。

为酒店定制香型实际上是一个品牌定位的过程。在了解酒店定位、受众群体的年龄、性别、教育程度、地域差别等情况后，分析其喜爱的香味，从而调制合适的香味。不同年龄的人群对味道的喜好不同：20~30岁的人群通常喜欢甜甜的水果香味，30~40岁的青年人偏好清新、爽朗的香味。相同的香味会给不同地域和文化的人群带来不同的感受，通常西方人偏好较浓烈的香型，而东方人则更喜欢清新淡雅的香味。

芳香的气味赋予室内环境相应的情感体验，唤起顾客对酒店的记忆，还会触发顾客的联想。酒店借助于香气传递一种温情，让顾客获得舒适体验的同时，喜欢和爱上酒店的味道。酒店的香味使用并不局限于酒店环境内，而是已经延伸到顾客的生活方式中。香格里拉酒店是最早设计专属香气的酒店之一，其清新淡雅的香气深受顾客喜爱。酒店不仅常年保持着这种香味，还生产一系列的香氛用品，如精油、香氛、香薰、蜡烛等，对外销售，以此加深顾客对酒店的印象和信任。

图5-12 福朋喜来登酒店大堂

图5-13 丽思·卡尔顿酒店大堂

科学研究表明，特定的气味对完成特定目标具有影响作用。

柠檬的气味有助于改进人们在脑力工作中的表现。用柠檬味的清洁剂清理医生的办公室将有助于医生和病人之间更好的探讨病情。柠檬、香草、肉桂味对于改善人们的心情有特别的作用。

薄荷的气味有助于改善人们在体力工作中的表现。薄荷味使人们正在做的事情看起来似乎更容易。薄荷味也有助于人们完成乏味的工作。薄荷味还能快速提高人的警惕性。

橘子的气味有助于减轻焦虑情绪。研究表明：在牙医办公室里使用橘子香味，能够使病人的情绪更稳定，这种效应尤其体现在女性身上。

薰衣草的气味有助于缓解紧张情绪，使人保持平静的心态。薰衣草可以使人的中枢神经系统保持镇定。薰衣草味的床单将有利于解决失眠的问题。

茉莉的气味有助于提升人的睡眠质量。当人闻着茉莉香入睡时，醒来后其忧虑将会减轻，在进行认知工作时的表现也更为突出。整晚闻着茉莉香有助于延长白天工作时间，第二天下午人的警觉性也会更高。

肉桂和香草味有助于提升人的创造力。迷迭香的气味能提升人的记忆力。充满迷迭香气味的财务办公室有助于工作人员处理各种票据。玫瑰香味、杏仁味、松木味、檀香味、马乔莲味、香草味、铃兰味和苹果香味都有助于人放松和休息。肉豆蔻的气味也有助于人休息。在室内空间中放置一些芳香花卉，这样的房间会让人感到轻松。薄荷味、柠檬味、罗勒味、丁香味、广藿香味、柚子味和迷迭香味都会使人感到愉快（见图5-14）。

图5-14 植物提供了一个戏剧性的有吸引力的办公环境

5.3 臭气的危害与防治

空气中的污染物可分为无机物和有机物。无机物包括CO_2、CO、NO_2、SO_2和氨，有机物从性质上可分为TVOC（总挥发性有机物）和SVOC（半挥发性有机物）。TVOC是指室温下饱和蒸汽压超过133.32Pa，沸点在50～250℃的有机物，如苯、甲醛、分布极其广泛，在常温下以气体的形式存在于空气中，具有毒性、刺激性和致癌性的气味，会影响皮肤和黏膜，对人体产生急性损害。SVOC是指蒸气压小于133.32Pa，沸点在240～400℃的有机物，其在空气中以气相和颗粒相两种方式存在。小直径颗粒物（PM2.5）可以长期存留在空气中并随空气流动，许多有害成分包括重金属、SVOC、POPs（持久性有机污染物）和病毒、细菌都可以吸附在颗粒物上，进而对人生理器官产生危害。室内空气污染会造成或诱发人体呼吸道疾病、室内空气引起的过敏症、各种癌症及生殖系统疾病、感官及神经系统疾病、心脏及其他疾病。来自室内的污染物主要有以下几种。

① 人体新陈代谢产生的污染物，如呼吸出的CO_2和水蒸气、人体释放的气味。

② 由于人在室内生活产生的污染物，做饭、扫地、洗衣、晾衣服、大小便等所释放的污染。如宠物、食物和发霉等释放出的细菌，病人和潜在病人飞沫释放的病毒等；室内墙壁潮湿会带来发霉、细菌孳生等一系列问题，严重影响室内健康环境。相关研究表明，如果相对湿度长时间超过70%，就可能会在冷表面出现结露导致霉菌生长。尘螨是过敏的已知原因之一，如果要保持尘螨数量处于没有问题的水平，室内相对的湿度应保持在大约45%的水平。此外，不良的清扫方式也会把地面上的灰尘和颗粒物释放到空气中，可以使用负压吸尘、湿式擦地来减少扬尘。防止细菌释放的主要对策是要定期检查，在发霉和结露刚有苗头时就控制住。

③ 建筑、装饰、家具和电器设备等产生的污染物，如甲醛、苯、臭氧、氡、POPs、TVOC等。

④ 二次污染物。如阳光照射对室内有机材料的分解（如家具褪色等），特殊光源和光触媒导致的臭氧、催化中间产品等。

人体对空气污染的反应还包括对恶臭的嗅觉。恶臭是指对人体嗅觉器官产生刺激，引起人们不愉快感觉及损害生活环境的气味的统称。人的嗅觉可以直接感觉到的恶臭物质有4000多种，其中有几十种对人的危害较大，大多数都是有机物（见表5-1）。嗅阈限是指人感觉到某种臭气味存在的最小浓度，人对恶臭物质的嗅阈限很低。

为了保证室内空间的优良品质，现代建筑中安装带有过滤装置的新风系统，可以净化室内空气，去除室内VOC（挥发性有机物）、CO_2，降低PM2.5所带来的危害。新风系统的液晶面板不仅可以显示室内外PM2.5指数、室内温度和湿度，还可以显示过滤器的使用寿命，提醒用户及时更换滤芯（见图5-15）。

表5-1 常见恶臭物质的分类

	分类	主要物质
无机物	含硫化合物	硫化氢、二氧化碳、二氧化氯
	含氮化合物	二氧化氮、氨、含酸氢氨
	卤素及其化合物	氯、溴、氯代烃
	其他	臭氧、磷化氢
无机物	烃类	丁烯、乙炔、丁二烯、苯乙烯、苯、甲苯、萘
	含硫化合物 硫醇类	甲硫醇、乙硫醇、丙硫醇、丁硫醇等
	硫醚类	二甲二硫、甲硫醚、二丙硫、二丁硫、二硫苯
	含氮化合物 胺类	甲胺、二甲胺、乙二胺、二乙胺二甲基甲酰胺
	酰胺类	二甲基乙酰胺、酪酸酰胺
	吲哚类	吲哚、β-甲基吲哚
	其他	丙烯腈、硝基苯、吡啶
	含氧化合物 酚和醇	甲醇、乙醇、丁醇、苯酚、甲酚
	醛	甲醛、乙醛、丙烯醛
	酮和醚	丙酮、丁酮、乙酮、乙醚、二本醚
	酸	甲酸、乙酸、酪酸
	酯	丙烯酸乙酯、异丁烯酸甲酯
	卤素及其化合物 卤代烃	甲基氯、二氯甲烷、四氯化碳、氯乙烯
	氯醛	三氯乙烯

图5-15 办公室的新风系统

研究发现，人体嗅觉与环境污染程度成非线性关系，这表明人们不会因为环境中恶臭气味的减少而相对应地感觉减少。因此，对于恶臭的防治比产生后治理重要得多。恶臭的形成有区域性和时段性特征。通常夏季的臭味比其他季节更显著，下风口比上风口的臭味更严重。住宅建筑中，卫生间通常是臭气的来源。由于卫生间经常位于室内较为阴暗不通风的角落，一旦清洗打扫不及时，就容易臭气弥漫，影响到其他房间。臭气会给人带来不愉快的感觉，严重的甚至会引起食欲不振、失眠等，当浓度高达一定程度，会引起人体的身体机能发生障碍，使人得病。

住宅卫生间臭气控制主要采取通风稀释、污染物净化、污染源控制等方法。通风稀释主要是运用自然通风和排风设备进行室内外空气交换。污染物净化的方法可以分为化学除臭法、物理除臭法和生物除臭法（见表5-2）。生物除臭法是通过微生物的生理代谢将具有臭味的物质加以转化达到除臭的目的。

表5-2 除臭的方法

分类	除臭方法	除臭方法概要	内容
在化学和物理方面使臭气物质无臭化	化学除臭法	用极快的化学反应使恶臭分子变成无臭分子	利用脱硫作用，化学反应（氧化、中和）作用，加成、缩合作用，离子交换作用
	物理除臭法	使 $4 \sim 8\text{Å}$ 的恶臭分子吸附在 $10 \sim 20U$ 的多空物质中	利用硅胶、活性炭、氧化铝、活性白土、沸石等
	生物除臭法	用人造酶分解恶臭分子	利用金属酞菁衍生物
改变嗅觉刺激的感官判断	感觉除臭法（掩盖法）	用强的芳香，没有不愉快臭味的感觉。微芳香是用无臭的神经中和剂，呈低水平的消臭	利用芳香法（柠檬酸等）、掩盖法（玫瑰花等）、中和法（松节油等）
其他	生物除臭法	用为神物、酶杀死腐败菌、抑制或分解挥发性恶臭组分的产生	利用好氧性微生物、纤维素酶、淀粉酶、蛋白酶、脂酶、活性污泥

注：$1\text{Å}=10^{-10}\text{m}$，$1U = 1/NA\ g = 1/(1000\ NA)\ kg$。

思考与延伸

1. 试着描述某种气味带给你的回忆或想象，并记录下你的情绪反应。

2. 气味对人情绪的影响如何运用于市场营销？请举例说明。

3. 哪些空间适合使用气味使人们获得良好体验？

4. 如何有效防治室内空间里的恶臭？

第 6 章　人的知觉与室内设计

知觉是人个体对外部世界的认知过程。知觉是人在感觉的基础上，把过去的经验和各种感觉结合在一起而形成的。它包括感觉、理解、识别和标记以及准备对外部刺激所做出的反应。感觉和知觉的区别在于感觉是对客观事物最初的认识，仅仅指人察觉到了什么，而知觉是在感觉的基础上对事物属性的认识。知觉是理解环境中客体和事件的所有过程。英国著名心理学家格里高利（Richard Gregory）认为，学习、记忆、期待和注意都参与了知觉的形成过程。

6.1　环境知觉的特点

6.1.1　环境知觉的概念

人们感知环境信息的过程被称为环境知觉。环境知觉是个体认知外部环境的核心，它包含了人们对生活环境中各种信息刺激进行加工、整合和解释。环境知觉包括认知的、情感的、解释和评价的成分，所有这些活动是在不同感觉通道中同时进行的。当人进入某个环境，认知过程不仅包括人的视觉、听觉、嗅觉和其他感觉，还涉及人的经验、记忆的提取和情感反应，此外，还包括人对环境的评价，也就是人对环境刺激的好坏评定（见图6-1）。

试想一个对你来说十分重要的地方。这个地方或许是你的儿时旧居，或许只有你一个人知道，或者它处于一个繁华闹市，虽然这个地方可以用文字或图片充分描述出来，但却很难表现出它对你的影响和意义。环境知觉是一个复杂的心理过程，涉及环境信息的特点、复杂性偏爱、人对环境的适应水平、情绪反应以及社会文化背景等。一直以来，研究者们运用多种不同的方法来研究它。知觉可以分为两个过程：第一，对感觉输入信息进行处理，将那些低层次的信息转换为高层次的信息；

第二，将较高层次的信息与影响知觉的个人因素关联起来，比如个人的知识、经验、注意力和偏好等。知觉是多种感觉的整合，比感觉广泛，且不受现实环境中刺激的局限，具有相对性、选择性、完整性、恒常性和组织性等心理特征。

图6-1　环境评估框架
环境评估是环境心理学学科中的重要组成部分，专家们致力于人们对环境评估的方法研究。

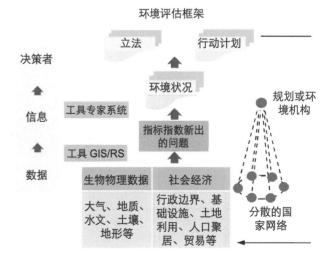

6.1.2 环境知觉的特点

6.1.2.1 中等水平的复杂性

20世纪60年代，心理学家丹尼尔·埃利斯·伯莱恩（Daniel Ellis Berlyne，1924—1976）将与探索和偏爱有关的环境特性称为对照刺激特性，其中包含复杂性、新奇性、意外性和不一致性四个方面。他发现当刺激性处于中等水平时，人们会认为对象是美观的；而刺激过度或刺激不足时，对象则被评价为不美或者丑陋。伯莱恩的观点仅在绘画与音乐等艺术领域得到证实。

在后续研究中约阿希姆·沃尔威尔（Joachim F. Wohlwill，1928—1987）发现，环境偏爱与复杂性之间存在倒U形曲线关系，与新奇性、不一致性、意外性呈直线关系，即新奇性和意外性水平越高，不一致性越低，环境就越受人们偏爱。而纯粹的自然环境越是复杂，越受人们偏爱，并不存在倒U形曲线关系。他还对人工环境进行了进一步的调查研究，先后比较了住宅景观、零售商店等，发现兴趣会随环境复杂性的增加而增加。同时，每个人基于自身条件和过去的经验，都具有自身最佳适应（刺激）水平。当人们处于与适应水平相符合的环境中就会感觉放松和愉悦。当人们面临过度的刺激，就会感觉超载，被称为信息超载。比如长期生活在农村的人，很难适应大城市的环境，寻路和乘车都成了问题，高楼林立的复杂环境甚至会使他们产生头晕目眩的感觉。

人为了应对信息超载的环境，可能产生一些不文明的行为。假日里繁华的街道或知名的海滩上会聚集许多游客，乱扔垃圾等不良行为的发生也会增加（见图6-2）。信息超载会消耗人的注意力。"注意"是个人的有限资源，但人们时常来不及做出选择，就被动地耗费

这一宝贵的资源。处于过度注意状态下的人们更容易疲劳，任务绩效也会下降，甚至忽略一些潜在的危险。

信息超载会导致大脑皮层的兴奋和抑制功能失调，从而引起内脏器官机能紊乱，出现头昏脑涨、没精打采、烦躁易怒、注意力涣散、神经性呕吐等一系列神经性综合征，可能导致身心疲惫等后果。曾经有一对夫妻，丈夫因为卧室的装饰过于复杂而无法放松休息。进行不同场所设计时，设计师需要考虑最优唤醒水平和最恰当的环境刺激对照特性。比如观光展览的场所应关注环境的复杂性、意外性和神秘感（见图6-3），而医院则应更注重秩序性和识别性（见图6-4）。

图6-3 印度班加罗尔国际展览中心（BIEC）举办第18届印度国际机床及工具展览会（IMTEX展览）

图6-4 美国福斯特动物医院接待区

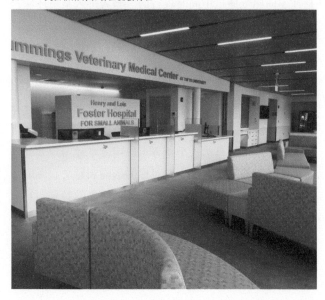

图6-2 游客散去后的滨海沙滩

6.1.2.2　知觉恒常性

知觉恒常性（perceptual constancy）是指客观事物本身不变，但其给人的感觉刺激由于某些外界条件变化在一定限度内变化，而人对它的知觉不变。最常见的视觉恒常性包括大小、形状、方向、色彩和明度恒常性。我们可以从各种角度识别出一个茶杯、一枚硬币或一扇门，也可以阅读横向或反向的文字或图形，但是这些不常见的视角会消耗我们更长的时间去识别（见图6-5）。人对事物的色彩和明度等识别也具有恒常性。人会凭借对事物色彩的经验来判断它，即便在关了灯的夜晚，所有事物都非常灰暗的情况下，我们仍然认为植物是绿色的，牛奶是白色的。印象派画家的做法是尽量避免色彩恒常性对色彩识别的影响，以实际看到的色彩作画。比如，克劳德·莫奈（Claude Monet，1840—1926）的"莲花"表现出不同时刻莲花的色彩，但这并不影响人们对莲花色彩的常规认识（见图6-6）。

图6-5　无论从硬币哪个角度看，我们都可以识别出这是一枚硬币

图6-6　法国印象派画家莫奈在一天的不同时间绘制的睡莲，每张画呈现出不同颜色，人们都认为是合理逼真的

6.1.2.3　感知适应性

感觉适应性（sensory adaptation）是指感觉系统对持续的刺激输入反应逐渐减小的现象。比如夜晚关上房间里的灯，一开始，你会觉得四周一片漆黑，但渐渐地，随着视觉系统的适应，便可以看得清四周的事物。环境中充满各种各样的感觉刺激，适应机制使人快速地注意新信号并对其做出反应。古人云："入芝兰之室，久而不闻其香；入鲍鱼之肆，久而不闻其臭。"说的就是嗅觉的适应现象，但痛觉很少有适应现象（刺痛除外）。

当人感知到的刺激是恒定的时候，通常人对它的反应会变得越来越弱。比如久居机场附近的居民，噪声几乎不会对其入睡造成影响，但新迁入的居民就可能难以入睡。知觉的习惯化经常和适应性的概念互换使用。从生理的角度解释习惯化主要是指当刺激反复出现，使得感受器对刺激的敏感性降低。对变化的知觉是指当刺激发生变化时人们是否能够感知到它的变化。

6.1.3 环境知觉的个体差异

不同的个体对同一环境的感知是不同的，其主要影响因素包括个体的年龄、性别、文化背景和个人经验。人的年龄不同，对环境的知觉范围也不同。由于活动能力不同，儿童、年轻人和老年人的知觉范围差异较大。

图6-7 厂房改建的办公室

图6-8 美国拉斯维加斯最热闹的夜总会，并不是所有人都偏爱这种环境

从知觉内容上来看，儿童环境知觉的内容缺乏细节，老年人对时空和方位的知觉因感觉的退化而模糊不清。环境知觉性别上的差异表现在男性的知觉范围更广，可以同时加工不同的信息，而女性则更偏爱特定的标志物和与她们较近的对象。不同文化和成长经历导致个体对环境感知的特点不同。年长或年轻的职员对重新改建后的办公室可能产生两种截然不同的感受和评价（见图6-7）。人们在认识客观世界的过程中形成了个人经验，正是这些经验影响个体对环境的感知。

人的记忆和感觉都会影响人对环境的知觉，环境知觉又会反过来对感觉产生影响。有些人认为酒吧是个让人愉悦放松心情的场所，另一些人却认为那里过于吵闹，并没有太多好感（见图6-8）。可见，环境知觉既包含对当前场所的评定，也涉及人们对场所中各类要素的优劣评价。这些综合的感觉、知觉和评价共同构成了人对环境所持的态度和行为。

6.2　注意力的特点

事实上，人并不能全然接收和理解环境中所包含的信息，只能进行选择性的加工。请留意一下你现在所能接收到的来自周围环境的刺激，你或许已经听到了汽车开过的声音和远处的手机铃声，但你是否也能感受到此刻房间的温度或空气的潮湿程度？由于环境中信息量过于庞大和复杂，许多不重要的信息并不会被注意到，尽管如此，这些事物仍然对你产生着某些影响。

注意是指主体的心理活动对一定对象存在的指向和集中，对周围环境刺激的选择性知觉。例如在宴会上，你会自动选择你的熟人作为知觉对象，而将周围的人当作背景。人的注意具有稳定性，能够在同一对象或活动上持续一段时间，注意力就是指注意持久的程度。人总是有选择地将对自己有重要意义的刺激物作为知觉的对象，比如在电影院里，当人关注荧幕时，周围环境中的其他东西便成为知觉的背景。此时，屏幕作为知觉对象能够得到最清晰的反映（见图6-9）。

6.2.1　有限的注意力

人的注意力在时间和范围上都是有限度的。通常情况下，人在注意力集中10min后开始减弱。实际上，7～10min是普通人在任何工作中保持专注时间的上限。人在长时间注意之后会引起信息超载现象，导致注意力分散。这是人类经过进化形成的一种保护和警惕机制，因为当人的知觉系统长期处于同一刺激源上，会造成神经的过度疲劳。1830年，爱尔兰数学家威廉·罗恩·汉密尔顿（William Rowan Hamilton，1805—1865）还发现，人要同时观察地上超过6个石子是非常不容易的。人注意

图6-9　在电影院中，屏幕作为人的知觉对象

的范围也是有限的。画廊或博物馆可以通过适当减少展室中的展品数量，使之符合参观者的"注意广度"。现代建筑的代表人物勒·柯布西埃（Le Corbusier，1887—1965）曾在他的著作《今日的装饰艺术》中宣称"现代装饰艺术就是不经装饰的艺术"。他提出"最好的设计是最简洁的"这一观点。

心理学上有个著名的"果酱实验"，是由美国斯坦福大学的研究员希娜·艾扬格实施的。她以两个果酱摊位作为实验地点，试图了解人们如何做出选择。在一个摊位上，她放置了6种果酱；而在另一个摊位上，她除了放置这6种果酱外，又增加了18种其他口味的果酱，并让顾客试吃。实验结果表明：在24种果酱的摊位，停下来试吃的顾客占60%，但购买率只有3%；而在6种果酱的摊位，停下来试吃的顾客有40%，购买率却高达31%。由此可见，尽管放置24种果酱的摊位吸引了更多的顾客，但最终购买果酱的人却较少。这说明当人们面对众多选择时，反而显得无从下手，最后干脆一瓶都不买（见图6-10）。

这两件事说明：过多的选择会影响人的注意力，使人忙于比较和权衡，而忽略了做选择。所以设计师在设计方案或选项上提供有限度的选择是有好处的。

图6-10　果酱实验

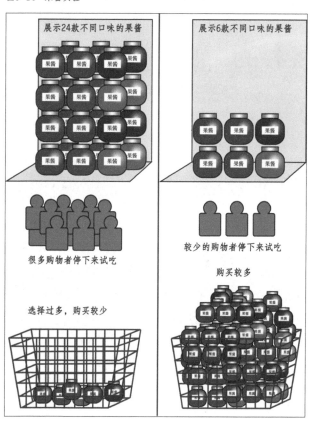

6.2.2 高亮度会吸引注意

向光性是人类视觉本能的特性。身体在较暗的环境中时，人首先会注意亮度高的物体。因为光亮物体的刺激强度和反射强度都比较大，特别是当物体不断变化和闪烁时，这种现象最容易使大脑形成最优越的兴奋中心，并对身体其他部位产生诱导与传递作用，从而使身体产生高度集中和指向性。这一点对于展示、展览型场所的照明设计方面有很好的启示（见图6-11～图6-13）。

图6-11 舞台上的聚光灯引导人们的视线

图6-12 聚光灯下的足球比赛

图6-13 橄榄球比赛现场上空的烟花成为最吸引眼球的事物

6.2.3 博物馆疲劳

1916年，本杰明·艾维斯·吉尔曼（Benjamin Ives Gilman，1852—1933）在其发表的文章中首先使用了"博物馆疲劳（Museum Fatigue）"这一短语，引发了学者们的广泛关注。比特古德指出博物馆疲劳是指：在连续观察中，对展览的注意或兴趣系统性减少的有关现象的总和；观看展览中兴趣水平降低，精神或身体疲劳感增加或观看展览后觉得无聊的一种自我报告。1928年，爱德华·罗宾森（Edward Robinson）对参观博物馆会产生疲劳的原因进行分析，认为其原因一是不断持续参观行走造成身体劳累，二是由于展品过于繁多和复杂，信息刺激超载和厌倦心理。

博物馆疲劳通常并非因为博物馆的展品，而是博物馆环境使参观者产生了心理上的厌倦。在长时间集中注意某些富有刺激的展品以后，其他展品显得刺激不足和吸引力不足，参观者会径直通过许多展品而不做停留（见图6-14）。为了减少博物馆疲劳，展品布置应使用"中断"手法打破连续，以改变展室布置所提供的刺激节奏，比如在一系列绘画作品中插入一座雕塑（见图6-15）。

图6-14 英国国家铁路博物馆的休息区

图6-15 位于俄罗斯莫斯科的新特雷季亚科夫画廊，绘画和雕塑作品穿插摆放

6.2.4　绿色自然景色可以改善注意力

前文中已提到窗外的风景有效缓解人们的压力，不仅如此，人们只要置身于自然，甚至从室内望向外面的点点绿色，都能促进工作记忆，有助于人们集中注意力完成工作。对于有注意力缺陷障碍的儿童，在绿色环境中参加活动会改善孩子的身体机能。在19世纪晚期，心理学家威廉·詹姆斯（William James，1842—1910）区分了两类注意力：有意注意力（定向注意）和无意注意力。他发现，环境中的特定元素可以轻易吸引人，并且会抓住无意注意力："奇怪的东西、移动的东西、野生动物、明亮的东西"。科学家把有意注意力比作一块随着时间而磨损的脑部肌肉。而当人们被自然环绕时，会进入无意识注意的状态，于是，由工作记忆组成的有意注意力就可以得到休息和恢复。拥有良好视野和独立户外空间的酒店让度假游客青睐有加。尽管海边的建筑会面临潮湿、易腐蚀等严峻的考验，人们仍然愿意保留尽可能开阔的窗口来迎接自然的美景（见图6-16、图6-17）。

图6-16　度假区的别墅通常拥有大的落地窗，可以让人放松心情

图6-17　度假酒店的无边泳池搭配无敌海景

6.3　人的观察特点

6.3.1　格式塔理论

　　格式塔理论揭示了人们观察和识别事物的规律，为室内设计提供重要的启发和参考依据。20世纪30年代，奥地利和德国的心理学家开创了格式塔心理学，把对视觉的研究与对物质形式、形态的研究结合起来。它强调经验和行为的整体性，认为整体不等于部分之和，意识不等于感觉元素的集合。整体的性质不存在于它的部分之中，而存在于整体之中。因此，格式塔心理学也被译为完形心理学。这一理论被广泛运用于哲学、美学和科学等领域。其中，关于视知觉的组织规律对艺术和设计具有极其重要的意义。格式塔理论对视觉系统同类的相互作用进行分类，反映了人们在观察事物的时候具有接近律、相似律、连续律、闭合律、命运共同律、图形与背景等规律。这些规律影响着人们对事物和环境的识别。

　　接近律是指人们将最接近的同类元素组织在一起识别为一个单元。餐厅空间中，人们把桌椅看做一个空间组合（见图6-18）；展示空间中，将两个或多个艺术品相近陈列，会让人们将其视为一组（见图6-19）。相似律是指人们将相似的元素组织在一起识别为一个单元。连续律是指人们将独立分段的线条或事物识别为连续的线条或事物（见图6-20）。商业空间中，系列产品或同一品牌的产品如果在色彩、材质、布局方式上都采取一致性的设计方案，即便产品被分散布置在商场里，人们还是会发现这些产品之间的关联性，也会加深对产品的印象和记忆。闭合律是指人们忽略细小的缝隙，将事物识别为一个整体。商业或展览空间的人行流线组织应具有连续性和完整性，但实际室内空间很少是完全连续不断的，因此，当空间出现缺口或断裂的时候，后续的游览路线应与前绪的路线保持相同的空间设计规律，让顾客无需耗费心力就知道接下去往哪里走，维护好心理上的连续性。宜家家居采用闭合式的导购路线，强化对购物体验的连续性和引导性。熟悉的顾客都会做好完成整个购物路线的心理准备（见图6-21）。命运共同律是指人们将看起来运动方向相同的客体组织起来识别为一个整体。

图6-18　圆桌的组合可以看作一个完整的区域，另一侧的吧台和高凳划分为另一个区域

图6-19　不同系列的作品通常分布在美术馆的不同区域进行展览

图6-20　美国达拉斯阿林顿市的乔治·霍克斯市中心图书馆

图6-21　宜家家居采取闭合式的导购路线

图形与背景是指图形（或事物）与背景的区别越大，图形就越易凸显出来成为人们的识别对象，例如绿叶丛中的红花。反之，图形（或事物）与背景区分度越小，就越难将两者分开，自然界的伪装术便是如此。在商业和展示空间中非常重要的任务就是平衡好空间背景与产品之间的关系。环境设计的重要目标是成为良好的背景或营造某种气氛，使用户获得舒适的购物体验并促进消费行为的发生。此时，除了视觉图形外，照明、通风、色彩、配乐等所有室内设计要素成了需要综合考虑的整体（见图6-22～图6-25）。

图6-23　某水疗美甲店的背景墙设计

图6-24　卡纳丽（Canali）时装旗舰店在意大利开设的第一家旗舰店
这家精品店的室内设计反映了著名的卡纳利西装的经典和精致结构

图6-22　墙纸

图6-25　摩什基诺——米兰精品店的流行标识

6.3.2　几何体理论

1959年，加拿大神经学家大卫·休伯尔（David H. Hubel，1926—2013）和托斯坦·维厄瑟尔（Torsten Wiesel，1924—）的研究表明，人的大脑视觉皮质中的细胞分工不同，分别只对横线、竖线、边线和特定角度的线形作出反应。欧文·比尔德曼（Irving Biedderman，1939—）于1985年提出，人类能识别24种基本形体，它们构成了我们能看见和辨认的所有物体（见图6-26）。

图6-26　几何体理论

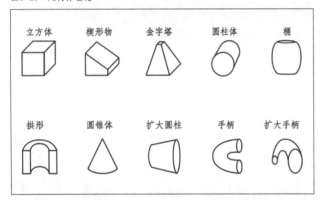

著名艺术家巴勃罗·毕加索（Pablo Picasso，1881—1973）开创了立体主义的绘画表现形式。立体主义旨在寻求一条解构艺术复兴之路，以二维方式来表现三维的空间艺术（见图6-27）。这种对几何图形的立体表现催生了20世纪初的装饰艺术，以新图像表现形式进行建筑设计。对于环境中空间形式的认知，人们倾向于将其进行多层次的分解，简化为最基本的形状。空间越简洁，就越容易让人识别和理解。运用简洁的几何形态创造的空间和场所会使人更快、更轻松地识别和记忆（见图6-28、图6-29）。

在基本的形状中最重要的是正方形、三角形和圆形。圆形空间是以自我为中心的形状，特点是向心和集中性。正方形是对称、整齐的图形，给人以简洁和规整的感受，正方形转变为矩形后会削弱原有的向心力。等边三角形给人以强烈的稳定性，锐角三角形的空间则给人以明确的指向性。圆形场所大多给人以集合或汇合的感觉，边界没有棱角，由于圆形空间的向心性，会使身体产生一定的旋转运动感。建筑空间大多由这几个基本形态组合构成。

图6-27　《大自然死于化妆品》，巴勃罗·毕加索，1914

图6-28、图6-29　安特卫普的城市阁楼，建筑空间简洁，利用几何形态和混凝土进行室内设计，由建筑师文森特·范杜森（Vincent van Durson，1939—1987）设计

6.4 经典视错觉

人的感觉系统在某些情况下会"骗人"。当你使用一种被证明是错误的方式观察一个刺激图形时，你就在体验错觉。视错觉是当人观察物体时，基于经验主义或不当的参照形成的错误的判断和感知，是指观察者在客观因素干扰下或者自身的心理因素支配下，对形态产生的与客观事实不相符的错误感觉。

古罗马建筑师维特鲁威（Vitruvius）在《建筑十书》中阐述了观察者位置和视觉所引发的视觉变形现象，并提到在建筑中视觉矫正的必要性。帕特农神庙的一些部位的尺寸经过了精致的调整。比如，在柱子三分之一高度处略微加粗，使柱子看上去同样粗细；将位于建筑两侧的柱子略微向中心倾斜使其看上去不会向外倾斜而是笔直的；把山花向前略微倾斜，使人看上去不是后仰。另外由于空气密度的影响，角柱相对观看者显得纤细，因此角柱必须加粗。通过调整柱子的厚度来弥补观看者位置引起的知觉变形，从而向观看者传达完美的比例和结构（见图6-30）。

在中国古代建筑历史上，也不乏这种关注建筑知觉现象的先例。为了减轻传统木构大屋顶给人的压迫感，将柱子的高度由明间向两侧梢间逐步升高，形成缓和的檐口曲线，从而增加了建筑屋顶的柔美感和飘逸感，而柱子的升起和大屋顶的翼角起翘相吻合，有效地缓解了大屋顶带给人的压抑感（见图6-31、图6-32）。

现在视错觉经常被使用在商场橱窗设计中，通过精心设计的错觉效果吸引顾客的注意力。商店室内设计师运用视错觉打破空间的限制，使展台、柜台、货架在空间上融为一体，构成强烈的视觉效果（图6-33）。

图6-30 希腊帕特农神庙

图6-31 大兴善寺

图6-32 山西五台山佛光寺大殿正立/剖面图，建筑采用宋代营造法式中的殿堂造

图6-33 澳大利亚墨尔本一家时装店的橱窗，黑色和白色的背衬被涂在一个平的墙上，给人一种形状的错觉

　　我们将经典错觉分为几何和角度错觉，亮度和对比度错觉，色彩错觉，时间与运动错觉，空间、三维和尺寸恒定性错觉，认知／格式塔效应，人脸错觉几大类型（见表6-1）。此外，室内设计中也会使用到艾米空间这样的固定视角成像（见图6-34）和模仿某种不可能的状态（见图6-35～图6-46）。

表6-1　经典错觉分类

分类	经典错觉				
几何和角度错觉	旁氏错觉	左氏错觉	埃伦斯坦错觉	冯特错觉 / 黑林错觉	咖啡墙错觉
	波根多夫错觉	鼓形棋盘	杰斯特罗错觉	弗雷泽螺旋	斯凯斜栅
亮度和对比度错觉	麦考勒效应	韦特海默考夫卡环	康士维错觉	棋盘格阴影错觉	网格幻象-闪烁网格
	彩色瓦萨里效应	波浪彩色线条错觉	阴影钻石	阿德尔森的"波纹格子"	感应光栅
色彩错觉	水彩错觉	色彩对比：眼睛的颜色	等亮度轮廓	白色圣诞节	没有红草莓
时间和运动错觉	"旋转蛇"错觉	蛇错觉"随意"	"脊柱漂移"错觉	眼睛抖动-感知你眼睛时刻	平娜·布雷斯塔夫错觉

续表

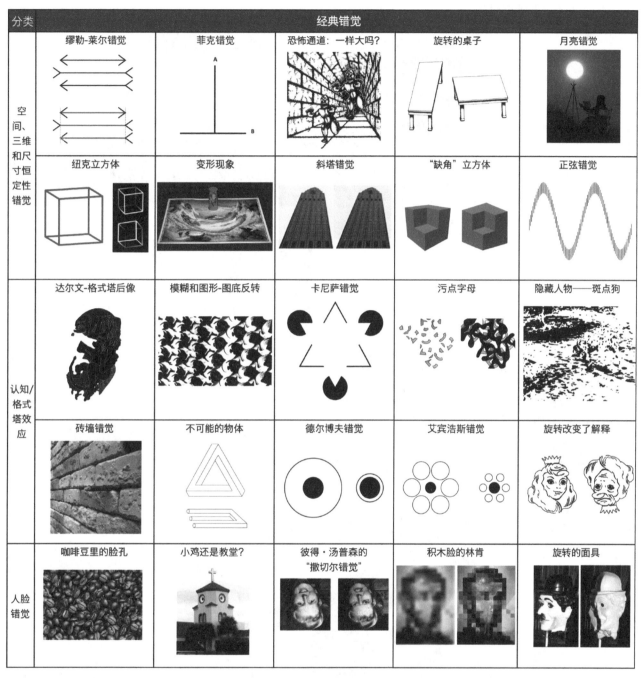

分类	经典错觉				
空间、三维和尺寸恒定性错觉	缪勒-莱尔错觉	菲克错觉	恐怖通道：一样大吗？	旋转的桌子	月亮错觉
	纽克立方体	变形现象	斜塔错觉	"缺角"立方体	正弦错觉
认知/格式塔效应	达尔文-格式塔后像	模糊和图形-图底反转	卡尼萨错觉	污点字母	隐藏人物——斑点狗
	砖墙错觉	不可能的物体	德尔博夫错觉	艾宾浩斯错觉	旋转改变了解释
人脸错觉	咖啡豆里的脸孔	小鸡还是教堂？	彼得·汤普森的"撒切尔错觉"	积木脸的林肯	旋转的面具

图6-34　固定视角成像

图6-35 咖啡墙错觉在桌子上的运用

图6-38 3D绘画艺术在室内地面的运用

图6-36 地毯错觉效果

图6-39 3D绘画艺术在室内地面的运用

图6-37 充满错觉的空间令人感到惊奇

图6-40　错觉地毯

图6-43　错觉地毯模拟另一种材质

图6-41　镜面材质弱化了橱柜的体积感

图6-44　《剪椅》美国设计师彼得·布里斯托尔的作品

图6-42　玻璃幻影物品架

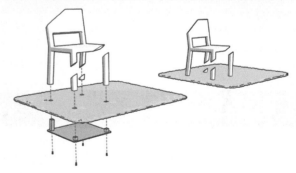

图6-45 错觉书架，营造出悬空效果

图6-46 视错觉书架

思考与延伸

1. 人的注意力特点是什么？
2. 什么是格式塔理论？它对室内设计的启发是什么？
3. 几何体理论对设计的启发是什么？
4. 请列举3种经典视错觉。

第 7 章　人的认知与室内设计

认知是指获得知识的过程，包括感知、表象、记忆、思维等。著名的认知心理学家让·皮亚杰（Jean Piaget）提出了发生认识论，强调图式的作用。他将固有的知识或经验称为"图式"。他认为人总是习惯于用固有的图式去解释所面对的新事物。孩子会用手去捞水中的月亮，因为他尚未建立倒影的概念。固有的图式既是人们接受新知识的基础，也有可能成为认识新事物的障碍。人最初的图式来自先天遗传，在和外界接触和适应环境的过程中就会经由学习而不断变化、丰富和发展起来。

7.1　环境认知与图式

人类的记忆功能在人类对环境认知的过程中承担了重要角色，它使我们在熟悉的环境里轻松到达目的地而不会迷路。实际上，环境知觉过程包含了人的经验和记忆，而环境认知则包含了人对环境的感觉、知觉、记忆、思维等，强调的是人获得知识或应用知识的过程。人们以一种类似"绘画"的方式对周围的环境进行描述和记忆。知觉呈现给我们的或许是一幅自然田园、山水美景，或许是一幅充满活力、灯光闪烁、人头攒动的城市街景。这些信息通常都以意象或地图的方式在人脑中存储和再现。人们凭借对某类环境基本特征的记忆来解决现实问题，比如在街道上找到一家理发店。环境认知也包含了人们对环境的想象和对空间的思考能力，比如请你思考一个室内溜冰场，很有可能与我们所展示的这个空间差异很大（见图7-1、图7-2）。

图7-1　位于塞浦路斯的利马索尔滑冰场 1

图7-2　位于塞浦路斯的利马索尔滑冰场 2

人无时无刻不身处于一定的空间中，可以在丰富感知经验基础上形成关于具体概念的身体图式。这些图式主要涉及空间、温度、感知觉等概念领域，比如上下空间图式、冷暖温度图式、光滑粗糙触觉图式等。图式是个体凭借与生俱来的尝、触、听、看、闻等感知能力，在与环境交互中反复经历类似的情景而逐渐获得的。人根据颈部活动、视线活动的经验重复感知上下垂直空间关系，便形成了上下空间图式。许多心理学实验证明，人们以身体为基础形成了"上下""前后""里外"的概念。此外，空间图式还包括长度、内外、部分整体、路径、覆盖、垂直方向、循环穿过、接触、中心边缘等。

7.1.1　儿童的空间定向

在一项经典的研究中，让·皮亚杰让儿童坐在一张椅子上观察桌面上三座大山的模型，在另一侧的座椅上放着一只玩具娃娃。研究者要求儿童从一系列图片中选择出玩具娃娃所看到的图像。多数情况下，小于8岁的儿童选择的图片都是从自己位置上所看到的图像。依据这一研究，皮亚杰认为8岁前的儿童对于空间的理解主要是以自己的行为活动作为参考。在儿童的空间意象中，环境特征彼此是没有关联的（见图7-3、图7-4）。

后续相关研究发现，儿童能够很好地利用空间图片和地图。3岁的儿童已经具备一定的空间表征能力，不过这种能力将随着年龄增长而显著提高。对于年龄较大的儿童及成年人而言，最大的差异就是利用地标的方式不同，成年人或年龄较大的儿童更可能把地标纳入自己的参照系统中，与环境特征整体一起考虑。新的环境会给人带来压力，但是如果对即将进入的环境有预先的了解和熟悉，就会适当减轻压力和负担。一组有关5~6岁男童对幼儿园态度影响因素的调查研究表明，在入园前部分参观过学校或通过模型了解过学校的孩子比从未接受过任何有关校园信息的孩子更能适应新的环境，感觉更安全和舒适（见图7-5、图7-6）。

图7-3、图7-4　皮亚杰著名的"三山实验"

图7-5　日本的圆形幼儿园

图7-6　圆形幼儿园

空间图式是个体成长过程中较早出现并最为熟悉的概念。当人们将上下、内外、长短等空间图式结构映射到非空间概念领域时，便可以运用空间经验范畴来构造和理解非空间概念。时间作为一个重要的抽象概念，是人类在对空间理解的基础上形成的，并且必须借助空间概念进行表征。比如人们通常借助空间距离来表征时间跨度。大量研究表明，对空间距离的操作会影响人们对时间的知觉。

研究证明，权力的概念具有空间表征性。在屏幕上投射"高权力"的字样时，人们的空间注意力会向上转移；而在屏幕上呈现"低权力"时，人们的空间注意力会向下转移。实际的高低空间感受也会对人们的权力感知产生影响，比如当人们站在高处时，可能会有更强的掌控感；而站在低处时，人们会高估在高处人们的权力和地位（见图7-7、图7-8）。

图7-7　演讲者的舞台

图7-8　表演者的舞台

7.1.2　认知距离

认知距离关注人怎样在头脑中判断并记住距离的长短。吸引人的场所其认知距离较短；缺乏吸引力的、单调的路程往往显得更长；熟悉的路程显得比陌生的更近，因为熟悉的环境信息具有意义，并已纳入自己的认知图式。研究证明，尺度反映了人与自身周围环境的相互作用，而周围的环境会影响人们对距离的判断。在城乡环境中分别走过同等距离后，乡村中的认知距离平均为城市中的两倍。位置判断也会影响距离估计。个人与物体之间的距离知觉被称为自我中心距离知觉。在自然场景中，当距离小于90m时，人们倾向于低估自我中心距离；距离越短，估计就越接近正确。在某一特定环境中，对两个物体之间的距离知觉被称为外向距离知觉。人们倾向于高估外向距离，通常比实际多出约20%～40%。

人的心理距离不等于实际距离。正如我们要去一个陌生的地方，尽管来回都是走的同一条路，却会感觉前往的距离要比回来的距离更长，回来时更快更轻松。人们通常主观地估计线路的长度。一条路经过的十字路口越多，人们就感觉它越长；一条路线上的换乘次数越多，人们就觉得距离越长。两条相同长度的街道，繁茂的商业街比居住区外墙的街道让人感觉距离更长，因为经过商业街所处理的信息更复杂，耗费的心理能量更大（见图7-9）。对室内认知距离的研究发现，与距离相等的平坦路程相比，人们认为坡路路程更长。某段路程包含的环境信息越多，人们对该路段的估计就越长。人们预计需付出的身体努力越大，对该路程的估计也越长，这一点为室内认知距离所特有，因为室内距离一般与上下楼的能力有关。对于行动不便者而言"宁愿多走平路，不上一层楼梯"几乎成为一种共识。

图7-9　鹿特丹的社区市场

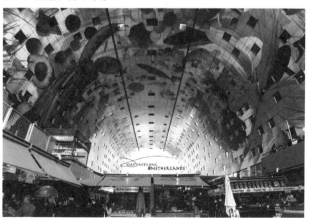

7.2 具身认知与体知

7.2.1 具身认知

法国身体现象学的代表人物莫里斯·梅洛-庞蒂（Maurice Merleau-Ponty, 1908—1961）和哲学家、语言学家莱克夫和约翰逊认为，大脑不仅从感官接受各种刺激，也接受感觉运动系统的塑造。身体与世界的互动决定了人类心智的内容和性质。他们总结了人工智能、哲学、神经科学和生理学的研究成果，提出：心智本来是具身的；思维大多是无意识的；抽象概念主要是隐喻的，而隐喻最初和最基本的来源是身体和身体的活动。他们提出的理论体系被称为具身认知。具身可以理解为一种认识方式，成为建构、理解和认知世界的途径和方法。意象图式就是由具身经验而形成的认知结构，比如空间图式、运动图式、平衡图式、力量图式、多样性图式和一致性图式等。这些图式都是通过身体作用于世界的经验而形成的，是一种身体体验。

身体的尺度、姿态和行为都会影响建筑物、室内空间和家具的设计。维特鲁威将身体的比例反射到建筑的审美中，成为重要设计依据。人们把建筑的界面比作人体的皮肤，将建筑物看作与身体一样经历生长、成熟、衰老的过程（见图7-10）。

中国古代思想中，身体的情境性也不仅仅是考虑人与环境的关系对人所产生的影响，更是出于一种身体

图7-10 达·芬奇根据维特鲁威的《建筑十书》中描述绘制的完美比例的人体

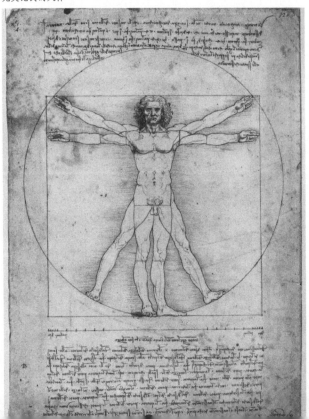

与世界有着本源上的同一性的基本思路。古人把身体视为小宇宙，世界视为大宇宙，因此古人对身体的修养定位至顺应四时、天人合一的统一。现代汉语中以人体词语来隐喻情绪、空间、社会地位的例子比比皆是，比如大手大脚、一手遮天等。身体在明代哲学家王阳明看来也是良知的体现，他说："这视听言动，皆是汝心。汝心之视发窍于目，汝心之听发窍于耳，汝心之言发窍于口，汝心之动发窍于四肢"（《传习录》）。知与行合一的根源是因为心身合一。

7.2.2 体知

"体知"一词是由著名学者杜维明提出的，特指人类通过身体来进行认知，其中包含了体验、体现和设身处地的意思。"体知"并非表示"知道是什么"，而是表示"知道怎么做"，比如学骑自行车、学游泳、学弹琴，并不是去了解机械力学、浮力或手指结构等知识，而是表示通过身体力行，才能知得真切，获得真知。现代科技对于虚拟现实场景的不断优化，便是为了满足人们对于全身心、沉浸式体验的不断追求（见图7-11）。

格伦伯格（Glenberg，2010）具身认知的核心思想包括身体的形态、感觉系统和运动系统对心理过程的影响。该理论主要从三个方面进行研究：冷热、轻重的身体物理体验对认知判断是否存在影响（这部分内容在第四章中已有阐述）；肢体运动和动作反应在认知过程中发挥了什么作用；感觉运动系统的心理模拟在概念形成中扮演了什么角色。与传统认知研究不同，具身认知把认知置于环境和身体的整体背景中，强调了身体构造、身体状态、感觉运动系统和神经系统的特殊通道等生理和生物因素对认知的塑造和影响。它既包含思维、学习、记忆、情绪等心智过程，也包括身体结构和身体的感觉——运动经验。

图7-11 虚拟现实体验

7.2.3　不同身体不同体验

不同身体导致不同的体验，不同的身体体验又造就了认知上的差异，形成不同的思维方式。具身是个体的人对身体的独特体验，具有个人的主体性。身体构造的不同导致不同的活动方式，不同的活动方式造就了不同的身体体验。就像我们永远无法了解作为一条鱼的体验。人们怎样移动身体，怎样知觉世界和他人，怎样与世界和他人互动将自然地影响到通过语言而进行的思维和理解意义的方式。人类身体独特的构造决定了人类独特的思维方式。

认知是基于身体的，也是植根于环境的。这里的"身体"不仅指人的身体，也包括了环境。人的知觉、思维、判断等认知过程与身体紧密结合，在与环境互动的过程中，组成了心智、大脑、身体和环境的有机整体。环境作为被知觉的对象并不是一个静止的客体，其性质是被主体作用于世界的动作所决定的。从这个角度来看，一把椅子和一张桌子的本质区别不在于它们本身的物理性状，而在于给知觉主体提供什么样的行动机会。比如恺撒萨托的实验表明，习惯用右手的人倾向于视右侧为积极的，而习惯用左手的人倾向于视左侧为积极的。原因在于惯用的手一侧伸手可及，易于控制，因而意味着安全；反之，另一侧由于不利于把握，难以控制而意味着不安全（见图7-12～图7-15）。

图7-13　8岁前的儿童对空间的感知能力与成人有所不同

图7-14　残疾人的身体状况与普通人不同

图7-12　惯用左手的人在开门方式上与惯用右手的人不同

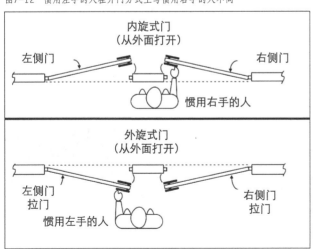

图7-15　残疾人的身体状况与普通人不同

7.3　运动感觉与空间

人们对于客观世界的知觉依赖于身体作用于世界的活动。每个人能够知觉的世界是由各自的行为和感觉运动能力所决定的。人们能知觉到什么依赖于他能做什么，他能做什么最终又改变了他知觉的世界。

7.3.1　运动体验能提升人的认知能力

人们逐渐意识到身体经验是构建知识的源泉，具身学习强调的是身体对思维、记忆和学习的作用。比如建筑工人能够熟练地在房顶行走，这一技能是通过脚步同屋顶的触觉体验、行走的视觉经验和脚步行走发出声音的听觉经验获得的。婴儿对周围环境探索得越多，他们使用记忆的机会就越多，这些记忆可以帮助他们在新的环境中更好地行动。用这种方式锻炼婴儿头脑，会让他们的思考技能更精湛。20世纪90年代中期，婴儿学步车在美国曾大受欢迎，但当消费品安全委员会报告说学步车会造成婴儿更多的伤害后，2004年，加拿大严令禁止使用儿童学步车。事实证明，学步车不仅危险，还会造成婴儿运动发育迟缓。

在各种活动中我们都可以看到动作和思考之间的联系。美国印第安纳大学神经系统科学家凯伦·詹姆斯（Karen James）发现在学前班的孩子参加为期一个月的阅读学习中，练习书写词语的孩子比那些只是练习读出词语的孩子具有更好的认识字母的能力。学习钢琴可以改善孩子在数学方面的表现（见图7-16）。

7.3.2　运动激活创造力

当人们试图理解一些复杂的问题或是为解决某个问题而思考的时候，一直坐着或静止不动可能是最差的一种状态。户外散步、来回踱步可能帮助你跳出思维框架或者物理局限，让头脑中的概念之间创建新的联系。所以移动身体为创造性思维带来了好处，有助于提高工作表现。

谷歌公司的总部坐落于美国加利福尼亚州山景城，谷歌公司有四座主建筑，每座建筑中都包括各种工作人员：计算机科学家、工程师、管理人员等。传统的办公大楼通常按照职能为员工分类，可能是工程师一座大楼，管理者另一栋大楼，但是谷歌公司并没有这样运作。对谷歌公司来说，空间是为了培养交互氛围而设计的，人们各司其职，在谷歌园区内混搭着工作。建筑室内空间开阔，设置独立的休息室、树屋、网球场、图书馆则是为了鼓励员工站立起来多活动。谷歌公司认为整个园区的设计目的在于鼓励不同团队之间的交互，激发在正常情况下不会发生的交流。这样的交互氛围同时也鼓励了运动。运动既有益于解决问题，还能增加生产力，因为在思考的过程中，需要运动的不仅仅是头脑，还有身体（见图7-17～图7-22）。

舞蹈家经常利用动作来创造新想法，当舞者试图建立一个新动作的时候，他们的身体就是媒介，就像画家用油彩或小提琴家利用小提琴创作一样。身体结构就是创造力的最前沿，也是创造力的核心。思考过程遍布全身，大部分表演者都是用身体来思考的。创造能力的展现是行动影响思想最有力的证据。现代生活让人们很容易处于静止状态，例如在办公桌前、电梯中、会议中，但是静止会抑制我们的思维。

图7-16　弹钢琴

图7-17　位于美国的谷歌公司办公室

图7-18　位于苏黎世的谷歌公司办公室

图7-21　某媒体办公空间

图7-19　适合团队讨论的办公空间

图7-22　适合创意工作的桌椅和脚凳

图7-20　适合站立工作的桌椅和办公室

7.3.3　健身会提高儿童在教室中的表现

心理学研究发现，健康的孩子在很多记忆测试中表现得也很出色。更有说服力的是，孩子的身体健康水平大致能反映他们海马体的大小。在另一项研究中，研究者要求一组孩子分别进行两次实验。第一次测试中，先让孩子在跑步机上以较高的速度行走20min。第二次测试中，则先让孩子安静地坐在椅子上休息了20min。孩子们在走路和休息之后，接受了一系列认知考验。研究者要求孩子专注于一条出现在电脑屏幕上的关键信息，同时忽略其他跳出来的信息。研究表明，孩子在锻炼之后，不仅在认知测试中的表现优于休息组的孩子，他们的大脑在锻炼之后也运转更流畅了。由前额叶和顶叶脑区发出的神经活动被公认能反映出对注意力的控制，这一点对学习来说至关重要，该神经活动在孩子进行了锻炼之后会得到提高（见图7-23～图7-26）。

人类在运动的生活方式中得以进化，现代生活中，无论小孩、成人还是老人，从事的运动都远远低于人类基因中内置的设定值。静止的生活方式的后果会反映在身体和精神的健康问题上。身体更健康的孩子在学习测试中也表现得更出色。经常运动的老年人患上疾病的风险更低，失忆的发生率也更低。因此，让孩子拥有更多锻炼的机会，在增强身体肌肉的同时使大脑变得更活跃。

苹果公司和谷歌公司倡导身体强健不仅给员工带来更强的计算能力，同样也能够提高创造能力。因此，这两家公司的办公室通常配有室内健身房和教练。锻炼会帮助大脑从新的角度看待事物。短时间的有氧运动可以帮助多巴胺神经递质在人脑中传播。多巴胺在人脑功能的很多方面都有重要作用，比如对动作的控制、灵敏度、满足感以及专注力（见图7-27～图7-29）。

在一组针对老年人运动的研究中发现，长期坚持锻炼不仅可以延长寿命、增进健康，还能对晚年认知功能结构产生积极影响。健康的老人和久坐不动的老人在脑健康水平上有着显而易见的差别，这些差别不仅反映在记忆上，也反映在思考和推理能力上（见图7-30、图7-31）。

图7-23　加拿大多瓦尔的一所小学圣安学院的教室

图7-25　加拿大多瓦尔的一所小学圣安学院的图书室

图7-24　加拿大多瓦尔的一所小学圣安学院的活动室

图7-26　铁炉小学的图书室

图7-27　一边运动一边工作1

图7-30　适合老年人的运动——太极拳

图7-28　一边运动一边工作2

图7-31　适合老年人的运动——广场舞

图7-29　位于英国的谷歌公司的攀岩墙设计

7.3.4　行动会影响掌控力和主动性

舒张、伸展的身体姿势容易增强人们关于力量和控制的感觉，甚至能够让人争取自己想得到的东西时，获得冒险的勇气。这些动作还会提高我们向他人投射力量和自信的能力。如果你在会议中把手臂搭在旁边的椅子上，这样能打开身体，让你占据更大的空间。美国加利福尼亚大学哈斯商学院的教授达纳·卡尼（Dana Carney）认为要想在工作中获得成功、提高效率，就需要向大脑发送信号："这是我的责任，我感觉很好，出发。"想要发送这种信息的方法之一就是调整身体。研究表明，当人处在开放、扩张的姿势时，人的精神状态就会更好。因为有力的姿势可以增加人脑和身体中循环睾酮含量。增加睾酮含量会提高自信、注意力以及记忆，让人有信心面对问题、解决问题（见图7-32）。

图7-32　强有力的姿势与弱势的姿势

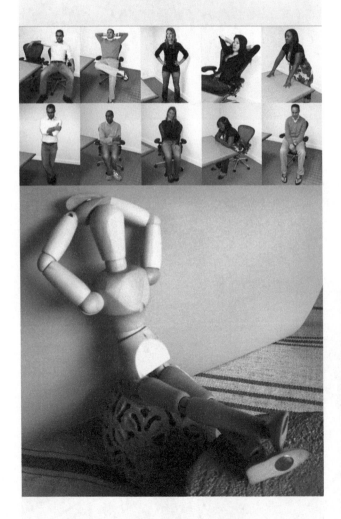

"有力量、高能量"肢体语言（上排）
"缺乏力量、低能量"肢体语言（下排）

7.3.5　姿态影响情绪

情绪的形成与身体动作姿势有密切关系。美国实用主义哲学家威廉·詹姆斯曾认为情绪并未由认知唤起，而是由于大脑对身体反应的知觉所导致的。比如，在荒山野岭看见蛇，人们并非因为有了恐惧情绪而逃跑，而是因为逃跑的身体动作而导致恐惧的情绪体验。一项点头或摇头的心理实验清晰地标明了身体动作与情绪反应之间的紧密联系。在测试过程中，一组被试者被要求做垂直运动（点头），另一组做平行运动（摇头）。测试时，要求被试者注视前面的一支笔。测试完成后，被试者得知可以选择面前这种颜色笔或者另外一种颜色的笔作为礼物。结果显示，做点头运动的被试者更倾向于选择摆在面前的笔，而做摇头动作的被试者则更倾向于选择另一种颜色的笔。可见，点头或摇头的身体动作无意间影响了被试者对笔的选择。

动作还可以改变道德方面的情感体验。《科学》杂志上的一篇文章告诉我们，洗手带来的身体清洁感可以导致道德上的纯洁感。研究发现，身体洁净会提高被试者对自我道德品质的评价，从而使其对不道德行为更加严苛。清洁的行为可以抹消失败的经历，提高乐观的态度，但是也会减弱人们失败后进行再次尝试的积极性。甚至有研究表明，当球队穿白色球衣时，会比穿其他颜色的球衣更少遭受处罚。这种对纯净、洁净的知觉影响到人们对明暗亮度的视知觉。此外，在光明的环境下人们会更积极地参与亲社会行为，更愿意进行慈善捐助。黑暗环境则更容易引发被试的消极思维或自私的倾向（见图7-33）。

图7-33　英国伦敦的国王十字人行隧道

7.4 认知地图与寻路

记忆中的信息可以为我们提供环境中最突出和最重要的一些线索。或许你曾经迷过路，在巨大的购物商场里晕头转向找不到那家要去的餐厅。大型公共建筑以面积大、交通复杂为特点，而交通动线中又包含了大量关键性的定向识别点。这类大型建筑室内空间中普遍存在定向和寻路问题。迷路可能引起短时的不安与疑惑，严重的则会造成寻路困难，妨碍正常生活。一旦有灾害事件发生，还会造成更为严重的人身伤害。因此，建筑内部的易识别性一直是判断建筑设计优劣的标准之一。

大型建筑室内空间中，人们依赖标志物来找到一条合适的路径，比如转角的标识、中庭的雕塑，亦或是楼梯口的指示牌。以一处容易记识的地方作为据点，通常会让人觉得更舒适。

认知地图是人对自己所熟悉的环境非常个性化的心理表征。心理学家用认知地图的概念来解释人对自然环境中的空间格局进行部分表征的心理结构。认知地图的概念首先由心理学家托勒曼（Toleman）提出，他以白鼠为实验对象，研究它们在迷宫中的寻路能力。他强调场所学习不能简单地看做刺激反应的联想过程，人之所以能识别和理解环境，关键在于人能重现空间环境的形象。认知地图也可以被看做心理上的地图或头脑中的环境。它是人编码和简化空间环境安排方式的一种心理过程，是人对空间环境的一种内部表征。认知地图能够表征空间环境中的距离、形状和方向。认知地图与"地图"的概念并非一致，它存在于个人脑海中，具有不完整、简化变形和个性化的特点。认知地图更像拼贴画、图片和故事片段或类似地图的东西拼凑在一起形成的个人信息包。

认知地图包含两类环境信息：一是表明场所之间序列和相互连接的拓扑关系（即场所之间的线状连接图）；二是与场所之间的距离和方向有关的量度关系。一般情况下，人先获得场所之间的拓扑信息，再向空间知识阶段发展，形成更为完整的认知地图。认知地图原始的功能是寻路，由地点、空间关系和出行计划三个部分构成。我们通过认知地图识别某个场所或建筑，认识一座城市或一个国家。它就像大脑里的导航仪，使我们有效地从环境中找到需要的东西，比如在大型商场中找到一个特定的咖啡店或餐厅。对于熟悉的环境，我们可以轻松地制定几条不同的路线，但是在一个新环境中，我们可能需要借助标志物、指示牌或询问路人来确认自己在正确的路上。另一方面，建筑平面形状、空间布局的复杂程度、路径和动线组织、建筑内外视觉特征、引导标志都会影响建筑室内的易识别性。但一般认为，建筑平面的复杂程度是影响人的寻路绩效的主要因素。相对于复杂的、难记识、难描述的平面，简洁、易记识、易描述的平面布局具有更高的识别性（见图7-34、图7-35）。

图7-35　地面的导视系统

图7-34　机场里的标识系统

迈克尔·奥尼尔（Michael J. O'Neill）提出了建筑平面的"拓扑复杂性"概念和计算方法。他发现在建筑室内路径中存在关键位置，如交叉口、转角、过厅出口等转折点，来到这些位置人需要对两个或两个以上的不同方向的路径做出选择，决定继续前进的方向。他将这些选择点之间可通行的路径数量作为衡量建筑平面复杂程度的一种方式。奥尼尔通过现场实验考察了指引标志与建筑平面复杂性这两类变量对寻路效果的影响，提供了复杂程度不同的五类建筑平面，并在五类平面中分别设置成使用文字标识、使用图形标识和不使用标识三种情况。研究结果表明，寻路效果随建筑平面的复杂性的提高而降低。图形标识所产生的人流通过率最大，但文字标识在减少寻路错误方面最为有效。与最简单的无标识建筑平面相比，在最复杂的设有标识的建筑平面中，被试者寻路时所发生的错误要多得多。因此，研究证明了建筑平面复杂程度与引导标识设置有相互作用。当建

筑平面过于复杂时，标识并不能单独缓解寻路的困难（见图7-36、图7-37）。

现代建筑功能多样，流线复杂。通常路径的选择点较多。因此，设计师应尝试降低建筑平面的拓扑复杂性，根据使用者的需求对路径加以区分。比如商场管理和工作人员使用的路径应与顾客游览购物路线分开。同时，应避免使用封闭的环路或复杂网状路径。在医院、图书馆、博物馆等公共建筑中应重复同一平面的路径模式，以形成有规律的人流动线。同时，应将入口咨询台或接待处设置在人们刚进入建筑时便可一目了然的地方，通常是建筑中心区域。

在地铁、火车站、空港交通枢纽中，人流的正确导向和有效通过率非常重要。有效地设置标识系统是十分有必要的，这类建筑应以简洁的二维图形标识为主。标识应设置在使用者必须经过的关键位置，位于主要视觉范围之内，并与环境背景明显区分。标识本身应具备高

图7-36　停车场的标识系统
标牌是我们用来创造清晰环境的一种工具。寻路从建筑和空间设计的方式开始。在建筑和景观环境中可以找到寻路线索和线索。

图7-38　位于商场入口处的导视地图

图7-37　在转角处设置路标

清晰度。在酒店、商场、医院、学校、剧院等大型公共建筑中，紧急安全出口的正确性和通过速度是重要的考虑因素，应沿主导方向在关键的位置设置图形和文字标识（见图7-38～图7-40）。

当人们初来乍到某个地方，都会体验到一种焦虑和压力。地图是人们了解一个陌生环境的基本工具之一。地图提供了有关场地位置、距离、周边环境等信息，使人们获得了一种全景图像并了解距离和方位的整体关系，明确自己所在的位置后便可判断接下来前往的方向。通过对照地图信息和实际环境空间状况，人们可以找到正确的方向和路径。我们将地图设计成对真实世界的模拟，便于寻路。然而，我们有时还是无法避免迷路，在进入商场之后迷失方向，反复查阅导览图也找不到那家商店。

寻路是一个人在认知和行为上到达空间目的地的能力。这种能力建立在三种不同的工作基础上，即寻路决定、执行寻路决定和信息处理。寻路过程是对预期场景的再认过程。人们执行寻路的过程可以看成"匹配反馈"的过程，不断地再认相关的环境特征。在这个过程中人们需要处理两种来自环境的信息，第一是场所中物体的位置，第二是环境的属性和特点。一个好的环境应使人容易了解自身所处的位置及目的地的位置（见图7-41、图7-42）。

图7-40　在楼梯的反面标记出上一层的展示内容

图7-41　美国阿尔哥德小学蒙德里安式样的走廊设计

图7-39　位于商场入口处的导视地图

图7-42　办公室的可视化设计使人们很容易明白自己的方位

有利于寻路的环境具有易识别性，有助于人们认知地图的构建。心理学家提出，影响寻路的物理条件有三个特点：差异性、视觉通达度和空间布局的简明性。差异性是指标志物的特别程度。通常外形奇特、与周围环境有较大差异的事物容易被发现。视觉的通达度是指该场所、建筑或事物从周围许多视角可以被看到，比如从商场的各个楼层都能看到中庭的喷水池（见图7-43）。简单的平面布局更有利于人们寻路和记识。

人在户外活动中可以依赖地图定位。地图与导航系统的组合让人可以比较轻松地确定自己的位置，制定行动方式和路径。但是，人在建筑室内活动时，仍然需要借助导览图。然而，导览图时常无法让人有效地找到合适的出口或目标。许多人曾经在地铁换乘站里寻找外部出口时，发现由于出站（刷卡道闸）方向错误，已经远离那个出口，不得不折返回去。那些四通八达的地下商城通常会使人晕头转向。

有效的导览图应符合人的寻路和认知地图的心理结构。首先，将导览图设置在适当的位置，如入口处或一眼可以看到的服务中心附近，以及那些重要的交叉口附近。其次，导览图上应标记出"你在这里"和周围环境特征。人需要把环境中的已知点与它们在地图中的相应位置和方向匹配起来。最后，应标记出道路名称和地标性事物，让人对接下来的路线有一个整体的预估（见图7-44）。

图7-43 新加坡某商场里的喷水池

图7-44 地铁站内导视系统

思考与延伸

1. 什么是认知图式？具身认知理论对空间设计具有什么意义？

2. 请你和你的同学画一幅有关购物中心内部的认知地图，并将地图进行差异比较，找到失真之处，看看是否符合文章中提及的误差内容。

3. 物理距离和心理距离的差异在室内设计中对人活动和行为会产生哪些影响？

4. 请收集一些室内导览图，看看它们是否符合人寻路和认知地图的规律。假如存在缺陷，应如何进行修改和完善？

第 8 章 个人空间与室内设计

我们的四周有一个虚幻而真实存在的三维空间，与人交往时，这个看不见的空间发挥着重要的保护作用，只有经过我们的允许，别人才可以进入我们的空间进行更近距离的接触，心理学家把这个空间称为个人空间或私人空间。个人空间在拥挤的环境里被严重挤压，人们便会感到压力，并做出反应。领地是属于人们能够掌握的区域，相对于女性而言，男性通常需要更大的领地。领地有助于人们维护自己的隐私。

8.1 个人空间

8.1.1 概述

当你正在空荡荡的地铁车厢里坐着，只有一个乘客上车，他选择在紧挨着你的地方坐下，你会是什么感觉？你可能觉得这个人非常古怪或者立刻起身转移到别处去坐。这就是人们对个人空间的需要。1937年，大卫·卡兹（David Katz）提出了"个人空间"这个术语。它被定义为一个围绕在人们身体周围的、可移动的无形的区域，陌生人不可以进入这个区域。人的个人空间与环境空间所构成的关系对研究人的行为与建筑室内设计都有着重要的启示作用。个人空间是一个让个人感觉舒适的隐形空间范围，它就像包围着人的一个气泡，会跟随着人的活动而变化。这个隐形气泡的形状和大小也会因为环境等外界因素而有所调节（见图8–1）。当坐在榻榻米地板上交谈的时候，人与人之间的距离比站立时缩小约75%。在拥挤的地铁里，乘客之间难免前胸贴后背，此时的个人空间降低到了最小，虽然很不舒服，但一般情况下还是能够忍受的。在开阔的环境里，人对个人空间的需求就会增大。

图8-1 个人空间的气泡

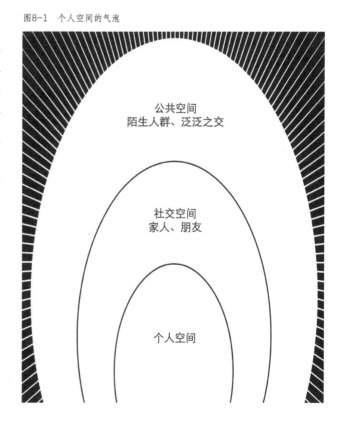

公共空间
陌生人群、泛泛之交

社交空间
家人、朋友

个人空间

人体周围的个人空间大致形如一个"蛋"。但这些空间在人体不同方位的大小和形式是不一样的。通常前方的空间更大一些，但在感知不安全或危险时，人对后方和周边空间的需求范围会明显增大，并大于身体前方的个人空间。环境中的依靠物如墙体、立柱等，会给人提供一定的安全感。在视野开阔的中庭或广场上，人也更倾向于站在周边而不是中央进行等候或交谈。通常，人站着时比坐着时维持更近的距离。人体头部的上方也存在着明显的个人空间，室内空间中过低的天花板会使人产生压抑感。研究表明，在两个体积相同的房间中，天花板较高的房间比地板面积较大的房间给人的感觉更大。这表明头部上方的空间存在的重要性。只有人脚的下方不需要个人空间，"脚踏实地"就能让人拥有安全感。

日本当代新生建筑师藤本壮介的NA住宅体现出建筑对自发性使用行为的激励。他将建筑的尺度与人体活动尺度完全融合为一体，从而取消了常规的建筑楼层概念（见图8-2、图8-3）。其中的每一个高差都在激发居住者自发寻找适合的空间使用行为，在生活中展现出无尽的活动可能性。居住者在自己活跃的身体和思想中感受到建筑的活力。

图8-2 NA住宅外观

图8-3 NA住宅室内

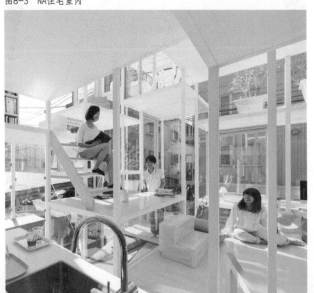

个人空间的存在影响人对空间私密性、公共性、安全感、便捷性、舒适性等一系列的环境体验。个人空间的存在对公共空间的设计产生深刻的影响。专家发现某些公共场所存在着一个座位使用的密度限度。白天，在英里大厦前广场上的喷泉边通常会有18~22个人坐着，如果人数少于18个，后来者会将这个数目补上；而如果坐的人数过多，就会有人走掉。这个自动调节机制的内在原因就是个人空间。

个人空间会影响交往时的人际距离。人际距离是一个多维度的概念，包括空间距离、心理距离、社会距离等。个人空间与人际距离实质上属于同一个范畴中的两个不同研究倾向。美国心理学和人类学家霍尔（Hall）以美国西北部中产阶级为对象进行研究，把人际距离分为4种类型，每种距离又分为远、近两类尺度。霍尔认为人际交往距离决定着信息交流的量和质，从人们交往间的距离可以看出两者之间的关系类型（见表8-1、图8-4）。

表8-1 人际距离

距离	长度		关系程度
亲近距离	近程：	0~15cm	安慰、保护、拥抱、摔跤和其他人体全面接触活动的距离
	远程：	15~45cm	亲近关系，耳语
个人距离	近程：	45~75cm	相互熟悉、好朋友、伴侣
	远程：	75~120cm	一般性朋友、熟人
社交距离	近程：	1.2~2m	不相识的个人之间，商店选购商品或相互介绍朋友认识
	远程：	2~3.5m	正式的商务、会晤外事活动场合距离
公共距离	近程：	3.5~7m	公开演讲、看演出
	远程：	7m以上	普通民众迎接重要人物时保持的距离

图8-4 人际距离示意

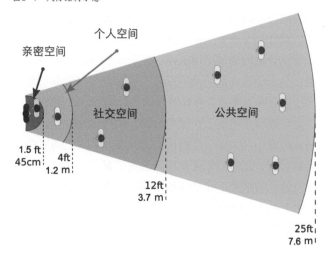

现实生活中，影响个人空间的范围和人际距离的因素很多，大致可以归纳为三个方面。

（1）建筑物的室内特征会影响个人空间

研究发现，室内空间大小与个人空间需求成反比，房间越小，个人空间需求则越大。室内空间的隔断能有效减少个人空间遭到侵犯的感觉。一些能令人感受到愉快感的情境因素也能影响个人空间的大小。令人情绪低落的情境使人需要更大的个人空间。房间的角落与中心相比，在角落里的人们需要更大的个人空间。室内与室外相比，通常情况下，在室内环境中个体与他人保持更大的距离，尤其是在拥挤的情况下，人们期望保持更大的距离。当人们知道自己可以离开时，就能够容忍更小的空间。

（2）人与人的吸引程度会影响个人空间范围

两个人之间的吸引力越强，身体距离也越近。社会心理学研究发现，两个相似的个体比不相似的个体彼此之间吸引力更强。与相异的人相比，人通常期望和相近的人有更多的良性互动。在某些情况下人与人之间的友谊越深，交往时的空间距离就越小。个人空间的功能之一是保护自己免受威胁。例如人通常避免与陌生人进行近距离接触。室内设计在座位布置的方式上提供了各种选择。火车站、候机室的座位多采用行列式布局，且每排之间保持一定距离，使人们在等待时可以享有相对独立的个人空间而避免与陌生人交流，这类空间称为"社会离心空间"。公园里大树周围的环形座椅也属于这类空间。反之，"社会向心空间"利用座椅的摆放位置鼓励人们更好地交流，比如小型的圆形餐桌或适合教室里学生围坐一起讨论的桌椅。在影院或剧场，座椅之间的可调节的扶手也是调节个人空间和人际距离的有效措施（见图8-5~图8-9）。

图8-6　社会向心空间

图8-7　电影院的座椅——社会离心空间

图8-8　办公室的会议桌——社会向心空间

图8-5　中国台湾高雄机场候机厅——社会离心空间

图8-9　办公室的休息桌——社会向心空间

（3）个体特征（性别、文化、年龄、人格等）会影响个人空间范围

① 文化。两个来自不同国家的人对个人空间可能有着不同的要求。在习惯于肢体接触频繁的社会文化中，人们以更近的距离交往，更多使用到嗅觉和触觉，拥抱和目光接触是正常行为，比如地中海、西班牙文化，包括法国、阿拉伯、南欧和拉丁美洲人。而在北美或北欧文化中，比如德国人、英国人等，则喜欢保持较大的交往距离和个人空间，一般也很少有相互拥抱、贴脸之类的亲密动作。当习惯于近距离接触的人与习惯于保持距离的人凑得太近的时候，后者会通过后退来保持距离，而前者则会感觉到冷漠和疏远。美国学者布罗斯纳安认为中国人的人际距离要比英语国家的人近一些。他在一篇关于中国人与北美人人际交往误解的文章中写道："英语国家的人在一起时，如果有局外人走近45cm的范围，即使是在大庭广众之中，也一定会被看成一种侵扰。中国人却不一定有这种感觉。他们看来，公开场合就是绝对的公开。"中美学生餐厅距离行为比较研究中发现，美国学生走近他人约0.5~1m的距离时，就会向用餐者表示歉意。而中国人一般认为诸如餐厅的公共场所是绝对公开的，没有必要因为走近旁人而表示歉意。然而在人际交流中，两者之间的距离差异并不大。我国学者潘永墚对中国人交谈时的人际距离做了研究，发现交谈时中国人与英美人之间的距离差异并不大。朋友、熟人之间的交谈距离在0.5~1m之间，一般社交活动中双方距离在1.5m左右，对着人群讲话的距离一般在3m以上（见图8-10）。

② 性别。女性朋友之间的个人空间比男性小。我们经常看到女性之间挽着手臂一起逛街或过马路，却很少看到男性会这么做。通常，与男性相比，女性间的人际距离更近，而男性更注意与同性保持非亲密状态，以免引起他人误会（见图8-11）。

③ 年龄。个人空间随着年龄变化产生差异。5岁前的幼儿个人空间发展模式并不稳定。小朋友之间的空间距离大概在0~0.15m之间，算是亲密的距离。幼儿园室内外相对开放的空间环境，为儿童彼此之间增进感情、玩闹游戏提供了有利条件（见图8-12~图8-15）。但在6岁以后，年龄越大，人际距离就越大。青春期时个人空间发展已经类似成年人，而此时，成人与孩子之间所维持的距离也随着孩子的年龄增长而变得更大。直到老年，人际距离又会出现缩小的倾向。

④ 人格。一个人的人格特征也会在空间行为中有所反映。研究发现，外控者比内控者期望与陌生人维持更大的距离。还有研究表明：容易产生焦虑情绪的人比非焦虑的人需要维持更多的个人空间；内向者比外向者维持更多的个人空间；高自尊的人比低自尊的人维持更小的个人空间；场依赖性个体比场独立性个体维持更近点的距离。此外，压力也会对个人空间距离产生影响，在一项研究中，与低压力情境下的被试相比，高压力情境下的被试者之间维持了更大的人际距离。

小贴士

» 归因理论将人格分为内控性和外控性两种。内控者认为成败掌握在自己手中，而外控者认为成败由外界因素所控制。

图8-10 英国皇家理工大学学生餐厅

图8-11 女性朋友之间比男性朋友之间的人际距离更近

图8-12　幼儿经常独自一个人玩耍

图8-13　儿童图书馆

图8-14　幼儿早教中心设计1

图8-15　幼儿早教中心设计2

8.1.2　近距离会激活人们的情感

美国耶鲁大学的心理学家斯坦利·米尔格拉姆（Stanley Milgram）在20世纪60年代做了一个有关身体距离和情感距离之间的实验。被试者以"老师"和"学习者"的身份被安置在由对讲机相连的两个不同房间，研究者给老师一张写有词组的清单，而老师会要求学习者记住这些词组。学习者每说错一次就会受到一次电击。研究结果显示，65%的老师在听到学生被电击后的痛苦喊声仍然会继续实施电击，电击可高达450V。但是当老师和学习者更接近且处于同一间房间的话，老师电击学生的可能性就会更小。身体上的邻近似乎能够传递一种精神上的亲近感，可以降低老师向学生施加痛苦的意愿。当我们和某人或某物在身体上更亲近时，大脑中更加原始的情感区域就被激活了，这种变化能够帮助我们更好地理解其他人的感受。快速度的现代办公方式使原本应该在现场召开的会议经常被视频会议所替代。尽管虚拟交互设备可以减少成本和旅行时间，但也存在一定劣势。研究表明，物理距离会激发心理疏远的感觉。也就是说如果你想和某人看法一致，就需要和他共处一室。距离远很可能产生相互不信任，也就很难和别人达成共识（见图8-16、图8-17）。

图8-16　近距离的接触有助于增加面试的成功率

图8-17　电视视频会议室

8.1.3 空间遭到侵犯的后果

个人空间遭侵犯通常会引起负面反应，比如逃逸行为。个人空间遭侵犯越严重，人们也展现出更多的消极和不满情绪。面对侵犯者，被侵犯者通常采用回避视线接触、绕行或设置障碍、烦恼等消极方式应对。对儿童的研究发现，个人空间遭到侵犯会使儿童行为变得简单，坐立不安。

心理学的超负荷理论和应激理论都认为个体之所以要与他人之间维持一定空间是为了避免过度刺激。个人空间是个人或群体实现理想水平私密性的边界调节机制。人们对私密性的维护体现在对空间边界的设置。如果有陌生人突破了这个边界，使个体无法调节这些界线时就会出现负面的结果和反应。将这些观点结合起来，就会发现个人空间是人与人之间的边界调节机制。这个调节机制既有保护功能也有交流功能（见图8-18、图8-19）。

与喜欢的人保持近距离的人际交往是实现个人空间的交流功能。通过保持亲密距离，人们传递信息并产生积极情绪和反应。人际交往时有位置上的偏好。男性偏好与自己喜欢的人面对面交流，女性则偏好与自己喜欢的人肩并肩交流。合作与竞争的个体之间相对空间位置也是不同的，合作者之间往往并排就座，而竞争者之间的交往就会面对面就座。此外，合作性较强的个体之间通常维持更近的人际距离（见图8-20、图8-21）。

图8-18 公园里的野餐音乐会，人们聚集在自己的野餐垫上

图8-19 美国亚利桑那大学图书馆独立办公桌

图8-20 医疗中心等候区域的座位布置1

图8-21 医疗中心等候区域的座位布置2

8.2　私密性

私密性是指对生活和交往方式的选择和控制，主要表现为退缩和信息控制行为。交往和独处都是人的需要。当实际交往与接触程度与个人私密性需求相匹配时，就处于令人满意的最佳私密性水平。当个人信息过分暴露，尤其是视觉信息，会使人因遭受侵犯而产生消极情绪。例如人们在使用银行自动存取款机时，通常十分忌讳他人的靠近，这就是人们对信息私密性的需求。通常情况下，银行附近会设置小型的、独立的、带锁的取款机室，让人们可以安心地使用（见图8-22）。当自动存取款机设置于开敞环境时，在1m处设置黄线来提醒他人保持距离也是常见的做法。类似的做法也用在机场安检口等信息服务窗口。室内设计中，设计师需要根据不同群体的心理需求，实现空间上私密性和公共性的平衡。研究发现，不被打扰是私密性中最重要的因素，当人感到悲伤、疲劳和需要专注时也都会提高对私密性空间的要求（见图8-23）。

佩德森将私密性分为独处、隔离、保留、匿名、与朋友亲密交往、与家人亲密相处六个类型，并综合成了《私密性评价量表》，列出了20种程度不同的私密性需求的行为。其中包括：确定我想要什么，调节和反省，自由表达情感，回归避风港，身心放松，向知己或好友倾诉等。对评价结果进行成分分析，所得出的基本维度是私密性所引发的一系列的心理作用。私密性的主要作用包括有助于沉思，恢复活力，倾诉谈心，提高自主性，有利于培养创造力；次要作用有复原、宣泄和遮掩等（见图8-24～图8-26）。

图8-23　医疗空间里座椅背上的磨砂玻璃隔断

图8-24　紧凑密集而独立的办公室和会议空间设计

图8-25　办公室和会议室的设计

图8-22　银行自动存取款机的独立隔间

图8-26　微小型办公空间设计

私密性有助于建立自我认同感。当个人能够有效调节自我与他人的交往，就会增强应对环境挑战的能力和自信心。人类具有从众心理，群体越大，盲从性越强，只有脱离群体独处，才能在反省中找回自己。因此，私密性还有助于增强自律、独立性和选择意识。私密性能保证人居环境的和谐与宁静，提高生活满意度和任务绩效。居家生活中私密性尤为重要，缺乏私密性就会引起各种问题。在室内环境中减少或隔绝视听干扰是获得居住场所私密性的主要方式。常用的物质措施有：妥善布局，做到内外区分，动静区域互不干扰；设置单独的空间；设置屏蔽阻挡人们的视线，设置隔声墙等。社会行为措施有：调节作息时间，设置警示标志等。在中国传统住宅中的三进院落、四进院落、院套院和院内巷等布局方式都是由公共性到私密性的层层过渡。加上社会制度和礼节的种种规定，住宅内部还需区分主客、尊卑、长幼和男女。院落、大门、屏门、屏风也是确保获得私密性的有效措施（见图8-27、图8-28）。

在现代室内空间中，隔断的形式丰富而多样。比如，餐厅利用超级大鱼缸作为隔断（见图8-29）。大型室内的公共空间中不太可能采用完全视听隔绝的方式，因此，提供一些半私密、半开放的空间是十分必要的。需要停下休息片刻或与朋友聊天的人们通常会乐于使用这些空间（见图8-30、图8-31）。在一些十分繁忙、行人之间摩肩接踵的场所里，个人也会采取相应的肢体语言以确保适度的私密性。

图8-29　鱼缸作为餐厅入口处视觉上的阻挡

图8-27　屏风分隔了客厅和卧室空间

图8-30　办公室里的半开放空间 1

图8-28　我国清朝红木包金架子床

图8-31　办公室里的半开放空间 2

在营造私密空间时，身高和视平线相关的垂直面高度是一个关键因素，它影响着身体认知空间的能力。当空间的围合结构垂直体量只有0.6m时，围合面可以限定空间边界，但并不能提供身体完全的围合感，身体仍保持着与周围环境的视觉交流。但当垂直量度接近人的视线高度时，开始限定身体视觉认知范围。当垂直面体量超过人的身高时，就完全打断了空间的连续性，并且使得身体感知到强烈的围合感。因此，垂直面体量的变化，影响空间的连续性（见图8-32、图8-33）。英国著名设计师查尔斯·雷尼·麦金托什（Charles Rennie Mackintosh，1868—1928）曾为凯瑟琳·克兰斯顿（1849—1934）在布坎南街、英格拉姆街和阿尔盖街的茶室设计过作品，1903年受托设计她在索基霍尔街的新茶室。建筑师/设计师对建筑正面进行了重大改动，这是一个横跨豪华客房的宽大窗户（见图8-34）。他还改变了内部布局。凯瑟琳·克兰斯顿在第一次世界大战后卖掉了她的茶室，这些建筑被用于其他用途。1983年，用麦金托什的设计重新设计了豪华客房，并重新开放为柳树茶室。

图8-32　半私密的移动会议室

图8-33　半私密的个人办公区域

图8-34　凯瑟琳·克兰斯顿小姐的柳树茶室

小贴士：儿童更偏爱小空间

» 儿童的视觉和感知能力与成人不同，在空间尺度的范围上来讲，成人空间会让儿童产生巨大的空旷感，产生不安全的心理反应。他们对洞穴型的小尺度空间有更多的偏爱。他们喜欢躲藏在各种犄角旮旯里做游戏或者休息，有些孩子甚至到了初中时依然保持这样的偏好（见图8-35）。幼儿园室内空间设计时应尽量避免不易察觉的小空间，避免幼儿冒险穿过夹缝或狭窄的栏杆和墙面或地面窄缝。尤其是男孩，会尝试将头、脚或身体卡入两根栏杆中间。

图8-35　幼儿园一侧的圆形空间为儿童提供了良好的独处机会

8.3 领域性

个人空间是人类具有领域性的外在表现，表现了人对物理空间在心理上的占有，也是一种本能。领域行为是个体或团体暂时或永久地在某个环境中建立自己领地的欲望和行为，并且当领域受到侵犯时，领域拥有者会设法保护它。

领地与个人空间不同，是可见的、相对固定的、有明显边界的。领域行为是个体或团体暂时或永久地在某个环境中建立自己领地的欲望和行为，并且当领域受到侵犯时，领域拥有者会设法保护它，正如我们的家。我们对自己的房子不仅仅是物理空间上的知觉感受，而且拥有自主权、控制权。领地性是个体实际所有权的表现。领域性现象在户外随处可见。节假日，公园草坪上人们不均匀地分布开，有的分成若干组群，帐篷和地垫、包和鞋子都成为领地的标记物（见图8-36、图8-37）。实际上，人类在穴居时代已经有这样的行为：部落首领及其家庭群体以族长为核心形成一个较大的环形营地，外圈为保卫人员，内圈人员地位逐步增高。

图8-36 人们在公园里搭帐篷休息、野餐

图8-37 人们在湖边搭帐篷作为基地，在附近游泳玩水

个人空间可以看作最小的可移动的领域，领域的特征和范围因人的需求层次不同而不同。根据对个人重要性程度的不同，社会心理学家欧文·奥特曼（Irwin Altman，1930—）将领地分为主要领地、次要领地和公共领地三个部分。个体对主要领地具有较高的拥有度，拥有时间持久，比如家和自己的办公室。这些领地个性化程度高，个体有完全的控制权，不被允许的入侵将是非常严重的事件。次要领地诸如教室、图书馆等，个体对这些领域没有所有权，只是使用者，个体对领域有一定的管理权。公共领地中的个体没有所有权，只能是众多使用者中的一个，比如广场、沙滩等。使用者也不能对该领地实施控制和管理。

领地除了为人提供基本生存的场地之外，还能彰显领地所有者的地位、偏好等情况。领地能让人有区别感、私密感和个人身份感。领地的特点具有社会、文化和认知成分。拥有自己的领地并把它布置成自己想要的样子，能提高人的自我概念。人类的许多斗争都是源于领地问题。超负荷理论认为，界定清晰的领地能给人秩序感，减少环境带来的压力。领地有利于人们承担不同的角色，例如主人和访客，帮助人们按照一定的方式生活和工作。领地可以减少攻击行为，增强身份感。领地的所有者能决定哪些人可以进入，例如，办公室只允许员工进入。领地行为不仅限于主要领地。例如学生在课堂上通常都有自己的专用座位，每次上课都会选择在同一个位置坐下。此外，学生还会用书本、水杯或书包等事物作为标记来占领这个位置。这种方式也常被用于图书馆和餐厅（见图8-38）。

有关领地性的研究表明，人的支配性和领地有很强的关系，支配性强的个体领地性也强。与女性相比，男性的领地性更强。情境因素会影响领地性的表现，当环

境里有条件较好的地方，比如靠窗的座位，支配性强的个体会占领它；当环境中没有什么特别好的地方，支配性强的个体就不会展现出强烈的领地性（见图8-39）。社会结构和秩序也会影响领地性。研究者认为，如果群体让支配性强的个体占领了较好的地方，将有助于建立群体内部秩序和减少矛盾。同时，相较于群体，一个人独处时有更强的领地意识。

图8-38　学生在图书馆用书占领座位

图8-39　餐厅里，人们会优先选择靠窗的座位

图8-40　人们按照自己的喜好装饰自己的办公桌

人们通过对环境个性化的装饰表明对领地的权利。个性化也能增强人对领地的依赖，让人觉得轻松和舒适。正如人们精心设计自己的住处或是在办公桌上摆上照片和喜欢的花卉（见图8-40）。个性化的装饰常常能反映出所有者的身份、经济水平、人格特征和偏好等。与男性相比，女性会花更多精力装扮自己的家。但是对领地的依恋感对男性女性都很重要。

人对主领地会有最大的控制感，比如自己家的客厅、卧室；其次是次要领地，比如自己办公室的工作隔间；最后是公共领地，比如酒吧、餐厅等。大量的研究显示控制感与幸福感相关。当我们作为主人时，会比作为客人要更放松。人在自己的领地上控制感和实际控制力会增加，允许个人对自己的领域人格化，如按照自己喜欢的方式加以装饰，会提高使用者的满意度，增强归属感。形成领域能增加占有者对场所的控制感。在病房中提供个人领域会促进精神病患者的康复。纽约一所精神病院的病房进行大规模的改造，将多人共用的大病房改为双人病房。研究者发现，改造后的领域人格化倾向更为显著：病房里出现了书籍、杂志、毛巾、香粉等个人用品，窗台上还摆放了鲜花。与未改造的病房相比，新病房内具有更好的社会和心理氛围，病人更愉快，改善了医疗环境（见图8-41）。

边界的明确设计有助于人们分辨领地范围，比如用篱笆围出的前院或通过摆放盆栽来暗示环境空间的界限。对老年人而言，建立领地性能减少恐惧感，增强他们对空间环境的控制力，进而增强他们的安全感。研究

图8-41　病房设计

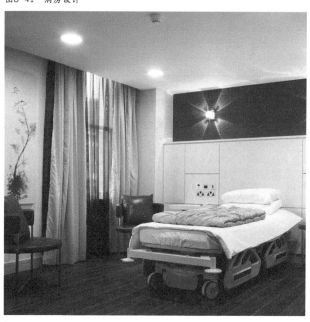

表明，那些对环境有足够控制感的老人很少对偷窃犯罪感到担心和恐惧。室内设计师应该考虑这些因素。建筑物和其内部空间应当设计明确的领地标记，便于人们识别并约束自己的行为（见图8-42）。

美国建筑师纽曼（O. Newman）自1968年开始研究美国城市住宅区的犯罪问题，发现高犯罪率住宅具有户数多、层数高、居民互不熟悉的特点。因为大部分的公共空间和半公共领域缺乏监视，让犯罪分子有机可乘。依此，他提出了"可防卫空间"的设计原则。

① 形成易于被感知并有助于防卫的领域。对领域分级，形成私密–公共性的空间层次。

② 自然监视。通过门窗位置的设置，使居民从室内就可以关注到户外活动，增加居民对周围的环境的关心。

③ 形成有利于安全防护的建筑印象。

④ 改善居住区的周围社会环境，强调住宅不应建在犯罪高发和其他不文明地区。

小贴士：主场优势

» 主场优势反映的是一种体育比赛中提供比赛场地一方所存在的优势效应。在常规赛中，往往主场表现得更好。相较于室外比赛，室内比赛的这种优势更为明显。主场优势效应对于强队来说也更大。研究者发现，主场观众的支持是形成主场优势的重要决定因素。这也是为什么室内运动的主场优势更大，因为在室内声音不会在空气中消失，观众距运动员也更近，加油声越频繁，主队的攻击也会越猛烈。

图8-42 不同领域可以通过不同风格的家具区分

8.4 密度与拥挤感

8.4.1 高密度环境对人的影响

美国生态学家约翰·卡尔霍恩（John B. Callhoun）通过研究高密度对啮齿类动物的行为影响，发现过高的密度会影响老鼠的正常行为方式，使其长期处于一种行为消极状态，无法正常繁衍，并出现各种异常的性行为和攻击行为。在其他一些对青蛙、猴子和猪的研究中也发现了类似情况，证明高密度情况下，拥挤会影响动物的行为。

拥挤的环境会使人烦躁不安、紧张甚至产生厌恶感（见图8-43～图8-45）。各项调查也表明高密度会给人的情绪带来消极的影响。男性在高密度下要比在低密度下出现的消极情绪更加强烈，同时，高密度空间对男性产生的消极影响要比女性更强烈一些。男女之间存在这种差距原之一就是男女对个人空间的需求不同，男性所需的个人空间要大于女性。生活中，更容易见到女性结伴同行，身体距离亲密，男性则更容易把同性的靠近看作威胁。研究表明，在高密度下，女性比男性更可能互相合作完成任务。

图8-43 上海地铁高峰时间拥挤的站台

图8-44 男士在拥挤的购物商场会表现出不耐烦

图8-45　拥挤的博物馆

高密度会引起人的生理激素的变化。在一组针对印度男性的调查中发现，那些来自多成员家庭中的男子的血压要高于来自家庭人口较少的男子血压。在相似调查中发现，犯人中患高血压的概率同他们居住环境的人口密度密切相关。1976年，伦德博格（U. Lundberg）研究发现拥挤列车上人群的人体肾上腺浓度相较于低密度列车上的人更高。此外，高密度环境也更利于病毒的传播，在此环境下生活的人们也更容易受到病毒的侵袭。人们攻击性行为的增加与空间、资源等方面似乎关系更加密切，而与在场的人数多少没有那么大关联。假如男性能够预料房间内将会非常拥挤，那么他们也就会变得更加具有攻击性。

拥挤会降低人们之间的吸引力。试想在拥挤的地铁中或是在宽敞的环境里（见图8-46、图8-47），哪处会使我们更容易对陌生人产生好感呢？鲍姆和格林伯格在1975年研究发现，人们仅仅预计到自己将要在某个高密度状态下从事工作，他们就会产生厌恶感。在实验室的研究中，4个学生待在一间屋子里比10个学生待在一间屋子里，前者相互之间的喜欢程度要高于后者（见图8-48）。事实上，有迹象表明男性对于高密度的反应比女性更加强烈。1975年埃伯斯坦（Epstein）和卡林（R. A. Karlin）的实验发现男性在高密度下产生的消极反应明显强于在低密度下的反应，然而女性在高密度下却更容易与别人产生好感、建立友谊。这可能也是源于男女所需个人空间距离不同。在高密度下，女性比男性更可能互相合作完成任务。在以后的实验中发现，当女性被限制不得与别人进行交流时，高密度在她们身上产生的消极影响便会明显地加强。

住宅拥挤的相关研究表明：成长于多人口家庭中的

人同那些来自少人口家庭中的人相比，在他们需要别人帮助时，他们不习惯从实验助手那里寻找帮助和支持，因为他们觉得实验助手不可能提供帮助。而且这类人在别人遇到困难的时候也不乐于向别人提供帮助。另有少量实验显示：居住在高密度家庭中的儿童，其任务绩效和控制能力都较差，表现出更为明显的习得性无助倾向。拥挤从一定程度上破坏了个人的人际支持系统。此外，高密度环境还可能增加男性的攻击性行为。

图8-46　尚不拥挤的地铁

图8-47　拥挤的旅游景区会削弱人们游览的热情

图8-48　新加坡莎顿国际学院学生宿舍

拥挤影响人们的作业质量。当人们在处理一些复杂的任务时，高密度环境对其成绩产生不良影响。它会削弱人的斗志，使任务变得难以完成。事实上，并非所有高密度的情况会对人们工作表现产生影响，这还取决于被试者的心理特征、感受、对工作任务的评价等问题。有关高密度的研究还发现，环境中存在的各种因素之间的相互作用、相互影响也会影响人们完成任务的质量。当被试者之间不会影响到彼此，即便是在高密度下，他们也能较好地完成任务。高密度对人的行为还会产生一定的后效。有资料表明，曾经在拥挤环境中生活的人与在宽敞舒适环境中生活的人相比，当遇到难以处理的问题时，前者更容易气馁和放弃。然而，当人知道自己可以控制离开拥挤环境到宽敞环境中执行任务时，这种后效作用就没有那么明显了。

可见，高密度包含了一系列的破坏因素，它使环境存在多种不便因素，过度刺激、使人的行为受到限制，感到资源匮乏或私密性不足，控制力下降。然而，不同的人对这些不便的敏感程度不尽相同，主要取决于个体差异（性别、年龄、人格）、情景条件和社会环境。

高社会密度给人们带来的主要问题是我们的生活会受到太多其他人的影响。研究者对高密度引起动物的消极影响有几种不同的解释。一种理论是认为高密度加强了动物体内的肾上腺活动，而肾上腺活动可能调节种群数量的增长。另一种理论认为高密度引发了更多的领地侵犯行为，产生攻击性行为。但这种理论很难解释密度对于那些领地观念薄弱的动物的影响。人类对高密度的反应要比动物更多变。有时候我们会对某种高密度环境喜爱有加，比如在大剧院看演出，球迷看球、元宵看灯、春节庙会就是要人多热闹（见图8-49~图8-51）。

图8-49 购物商场内的艺术活动现场

图8-50 演唱会现场

图8-51 球赛现场

小贴士：社会密度与空间密度

» 密度是一个客观实际状态，可以用某种方式测量。为了便于实验操作，研究者提出社会密度和空间密度两个概念。社会密度是指保持物质空间不变，改变使用空间的人数；空间密度是指保持空间的人数不变，改变物质空间的大小。

» 社会密度的概念是通过相同数目的个体占据不同的物理空间来实现的，也就是控制单位面积上的个体数量。而空间密度的改变则是由相同的个体数量占据不同的物理空间，也就是个体所占面积的改变。

8.4.2 消除造成拥挤的因素

人在等候时会对拥挤格外敏感，也觉得时间过得更慢。对医院等候区的观察发现人们更愿意在门廊附近等候，喜欢站在或坐在靠近室外的地方，原因可能是人们为了避免拥挤，获得空气清新和视野开阔。等候行为常为设计人员所忽视，为了改变等候者的消极心绪，可以采取多种应对措施，比如改变等候空间闭塞、阴暗、紊乱的面貌，提供电视、杂志或游戏用以解闷，用屏幕告知所需等候时间，设置宽敞、明亮、视野良好的等候空间。

室内设计师首先要对建筑的客观条件做出评价，比如物理空间、功能布局等，并预测未来居住者的个人空间需求量以及情境状态和个体差异可能带来的影响。如果已经预测到将来可能会产生拥挤的问题，那就要提前做好空间设计来减少拥挤感，以下提供一些简单的设计方法（见图8-52～图8-59）。

① 同样面积的空间中，天花板设计得高一些，拥挤感就会减轻。

② 相同空间面积上，长方形的房间要比正方形的房间显得更开阔。

③ 合理设置窗户，让视线可以远眺的房间拥挤感会小一些。

④ 把家具摆放在房间的周边（靠墙）而不是中间会让人们感觉更宽敞。

⑤ 增添活动墙壁有助于减轻拥挤感。拥有直线形墙体的空间看起来更宽敞，而曲线形会使空间看上去更拥挤。

⑥ 明快的墙壁色彩也有助于减轻人们的拥挤感。人们经常会聚集的空间中采用浅色涂料会显得空间更宽敞。

⑦ 充足的采光会使室内空间显得更大。房间中的整体光线水平越高，空间看起来比实际尺寸更大。较大尺寸的窗户也会使原本较小的空间看起来不是很拥挤。

⑧ 整洁的空间看起来比脏乱的空间更宽敞。相对于没有放置太多家具和陈列品的房间，物品较少、排列有序的空间会令人感觉更大。

⑨ 将具有特定尺寸的大量小隔间进行整齐有序的排列，会使空间显得宽敞。适当地保持这些隔间视觉上的通透性，可以使整个空间看起来更宽敞。

图8-52 新加坡环球影城变形金刚游乐等候区

图8-53 普吉岛的镜子餐厅

图8-54 高天花板、玻璃隔断、照明充足的会议室不会显得局促

图8-55 整洁开敞的办公单元使空间显得宽敞

图8-56～图8-59 会议室用玻璃取代墙体，使办公室空间看上去更宽敞

思考与延伸

1. 想象自己在图形的中央，数字1～8分别表示不同方向向你靠近的人，你觉得他应该在哪个位置停下时，就在图上对应的位置上标上记号，然后将点连接起来，你就得到一张个人空间的平面形状。

2. 观察和记录人们在不同室内公共空间等候时，就座和站立的位置以及他们的情绪表现，思考人们对私密性和领域性的需求。

第 9 章　人的情感与室内设计

人所处的空间会影响人的情绪状态。不同的情绪状态有助于人完成不同类型的任务。场所的设计影响着消费者和使用者的情绪，从而影响了他们的态度、行为和评价。场所与个体一样，具有不同文化背景、性格特征，传递出不同的场所精神，与身处于其中的人们进行着无言的对话，当有人在其中活动时，场所精神得以完整地体现。场所精神是一个空间的灵魂，会随着时间的推移而改变。场所精神一直都是室内设计师最为关注的设计重点。

9.1　情感与设计

著名认知心理学家唐纳德·诺曼在1986年提出"以用户为中心"的设计原则，从产品设计的角度研究设计与情感的关系。人的情绪是认知过程中不可分割的一部分。情感的一种运作方式是通过影响神经系统的化学物质进入大脑的某个中央区域，从而修正人的知觉、决策和行为。生活中，那些具有美感的事物往往让人感觉更好用。当你使用一个洁净如新的锅炒菜时，会觉得能炒出更美味的菜，而一个精致的小碗会让米饭看起来更可口。当你使用整洁干净的颜料盒时会更有信心画出一张好的画（见图9-1、图9-2）。认知科学家们意识到情绪是生活的必要组成部分，它会影响人的感觉、行为和想法。心理学家认为，认知系统负责诠释和理解这个世界，情感系统负责做出判断并快速地帮助人辨别周围环境中的利弊与好坏。认知和情感总是相互影响，有些情绪和情感的状态是由认知驱动的，而情感也常常影响认知。

图9-1　整洁舒适的书桌让人们工作起来效率更高

图9-2　整洁的厨房和锅具让人们更喜爱烹饪

情感在人类社会中扮演着非常重要的角色。情感包含情绪，是帮助人辨别好坏、评判其所处的环境安全与否的判断体系，是人类生存的价值判断。现代研究表明，情感系统可以帮助人快速地从好和坏之间做出选择，减少需要考虑的要素，从而帮助人做出决策。神经科学家安东尼奥·达马西奥（Antonio Damasio）曾对脑损伤的病人进行研究，发现情绪缺失的人往往无法在两个事物中做出选择，即使是吃米饭还是烤土豆，都难以做出选择。情绪系统与行为紧密相连，控制着身体的肌肉，使其做好准备，以应对特定的场景和情况。人的肢体语言和面部表情传递出相应的情绪信号，在团队协作中起到认知、情感、理解和沟通的作用。

情绪会影响设计师从事设计工作的状态。快乐的、积极的情绪能够拓展人的思维，有助于启发创意，能唤起人的好奇心，激发人富有想象力的思考，让人更容易在困难中找到解决问题的出路或替代方案。心情愉快时，人们更善于进行头脑风暴。一首欢快的乐曲、一份下午茶点心或起身做一下运动都是获得好心情的方法。在进行头脑风暴时，通常要讲一些笑话或玩一些游戏来热身，过程中不允许批评，因为批评会让参与者感到紧张（见图9-3）。设计的创意阶段需要人保持正面、愉快的情绪。设计创意完成后，设计团队需要关注作品的细节处理，这时，集中注意力显得十分重要。设计师制作出日程表，控制工作任务的截止时间，然后宣布出去，团队就不得不按期执行了。对于截止日期的焦虑会帮助人们完成工作。当人们处于负面情绪之下，会感到紧张和焦虑，会使人们全神贯注于某个主题或关注于某个问题的细节，直至找到解决方案。人在逃生时负面情绪发挥主要作用。

怎样才能设计出一个商业空间，能够在唤起正面情感和负面情感之间自然转换呢？一种方式是利用声音效果。首先从视觉上让商场看起来赏心悦目，正常情况下播放一些轻柔的背景音乐；一旦出现任何问题，应马上关掉音乐，发出警报。蜂鸣和警报声都能引起人们的反感和焦虑，所以当它们响起的时候会激起负面情感。当处于高度焦虑情绪下，人的注意力只放在逃生上。冲到门前的时候，人的本能反应是使劲往前推，而不是去拉门，因此，消防法规要求逃生门应采用安全推压式门闩，商场或剧院的逃生门必须是向外打开的，而且不论何时，门必须是一受到推挤，就能打开（见图9-4、图9-5）。

图9-4　逃生门1

图9-3　头脑风暴能启发创意

图9-5　逃生门2

诺曼教授的研究发现，人类大脑活动自下而上可以分为本能、行为和反思三个层次，而每一个层次所对应的设计要求都是不同的。大脑的三个层次相互作用，相互调节。在三个层次里，反思层次最容易随着文化、经验、教育和个体差异的不同而变化，而且该层次超越了其他层次（见表9-1）。

表9-1　诺曼情感三层次对应的设计要求

项目	本能	行为	反思
特点	反应快，对好坏、安全/危险做出判断	无意识的，熟练完成任务	有意识的思维，学习，思考，反省，监视
时间差异	即时体验	即时体验	长时体验
设计要求	外观要素、第一印象、触感体验等	功能、性能、可及性、可用性、便捷舒适的体验等	自我形象、个人满足、记忆、归属感、认同感等
影响因素	性别、年龄、文化、社会	性别、年龄、文化、人格	文化、经验、教育、人格、个人眼光、自我形象等

从设计的角度，无法对三个层次进行重要性的排序，因为没有任何一个空间能够满足每一个人。设计师必须知道设计场所的目标人群。从本能层次来说，它是最容易满足的一个层次，因为它引起的反应是生物性的，适用于大部分人群，但从每个人角度来说还是有很大差异的。有些人喜欢节日里喜庆欢乐的热闹情景，但有些人却不为所动。有些人能够享受酒吧欢腾的气氛，而有些人却感到十分厌恶。本能反应能保护我们的身体免受伤害，但人们喜欢和追求的体验包含了恐惧和危险，比如坐过山车或体验蹦极跳、室内跳伞（见图9-6）。

事实上，满足广泛需求和喜好的唯一方式就是设计出各式各样的室内空间。根据目标市场的需求和喜好不同，定制不同风格和品位的室内环境。另一个重要的因素是室内空间的设计是否符合场所的定位。很随意的装饰和丰富的色彩或许并不适合严肃的商务会议场所（见图9-7、图9-8），过于工业化的设计风格也不适合养生会所的空间环境。每一个场所都有其自身的特征，只有符合特征的室内设计才会让置身于其中的人感到舒适与自如。人选择某个场所与选择某个产品有类似之处，场所或产品本身展现出的特质必须要满足用户的需求或是用户所想要的理想空间。

图9-6　并不是所有人都乐于尝试室内跳伞运动

图9-7　传统的会议室设计

图9-8　英国哈德斯菲尔德3M巴克利创新中心的会议室设计

9.2 行为与场景

场所是指与人互动的环境，是人的活动和环境所构成的整体。它主要由物质环境、活动参与人员和场景程式三部分组成，前者如空间的大小、边界的类型和设施的布置方式等，后两者为场景中活动者相互作用的模式和顺序。基于微观场所与行为模式之间的关系，心理学家提出了"行为场景"理论。一系列行为场景有机地结合成整体，便构成了特定群体赖以生存和活动的场所体系。

场景体验是感官持续不断地对周围环境做出反应，对身处其中的场所进行空间探寻，对景观进行感应和解读的审美活动。例如宜家家居店采用的是经典的场景营销，用家具及其附件作为家居场景的一部分来进行展示，为顾客创造出一种充满想象力的生活方式。拓扑心理学的创始人库尔特·勒温（Kurt Lewm）曾提出：人的行为由人和环境因素决定，人的行为随着人和环境的变化而变化。当人进入一家消费水平不高的茶馆时，会表现得比较轻松随意，有时甚至不会压制自己说话的声音（见图9-9）。当人进入一个高档优雅的场所时，会下意识地克制和收敛自己的行为和举止，使自己的表现看起来符合环境氛围（见图9-10）。

巴克（R. G. Barker，1903—1990）对真实环境与行为的关系十分关注。他与赖特（H. F. Wright）一起在美国堪萨斯州的奥斯陆小镇创建了心理现场研究站进行行为与场景的现场研究，长达25年。巴克等对人的日常行为进行自然观察，跟踪一群6~8岁的孩子，记录他们一天的活动。结果发现：在同一场所，不同孩子会表现出类似而又固定的行为，而同一孩子在不同的场所会表现出不同的行为，即孩子的行为模式因时段和场所而异，而与人格等心理变量关系并不大。此后，巴克等对特定场所中的固定行为模式进行了研究，发现这些"场所行为单元"的行为是自发形成的，固定的行为模式是其中的有机组成部分。行为场景由此定义为：特定环境的一部分与其中所发生的一组固定的行为模式所形成的整体单元，而且固定的行为模式与特定环境之间具有互相适合的同步行为。

在行为场景研究中，场景参与者的体验是心理学家关注的部分，尤其是针对普通人的、令人愉悦的情绪体验，诸如满意、喜欢、不满意和不喜欢等。场景的体验还包括场景元素和行为事件对参与者的感官刺激和相应反应；参与者的满意度；场景空间的象征意义等。场景是研究室内环境行为的基本单元，相关研究具有重要意义。场景如同一个生命体，有生命周期。它会随着社会文化的变迁、参与者生活方式的改变而发生变化。比如很多学校周围的餐饮店也和学校一样有寒暑假，仅在学生上学期间开张营业。

图9-9 在收费廉价的茶馆里，人的行为更随意

图9-10 顾客在米其林餐厅用餐

9.3　场所的特性

场所是指某一位置或地点，由物质环境、活动和意义三个部分构成。一个空间一旦具有了意义就能称之为场所。现象学家雷尔夫（Relph，1976—）用"非场所"来表达渺无人烟和毫无意义的空间。人文地理学家创始人段义孚认为：场所从无到有期间需要经历连续的过程，当人对某一空间有了深入了解，并赋予其一定价值时，无差别的空间就变成了场所。空间是构成一个场所的基本要素，场所中具备的形态、质感及色彩的物理要素共同构建起环境的特性，营造出场所的气氛，体现出场所的本质。

特性是比空间更普遍而具体的一种概念。特性一方面暗示着一般的综合性气氛，另一方面是具体的造型，以及空间界定元素的本质。任何真实的存在和特性都有着密切的关系。不同的行为需要不同特性的场所。住宅必须是"保护性的"，办公室必须是"实用的"，学校必须是"适于学习的"（见图9-11）。特殊形态的窗、门、装饰构件的组合形成了特定的装饰主题，经常使用的元素成了"传统元素"，影响着不同场所的特性。正如欧洲人热衷于使用各种柱式来装饰建筑：多立克柱式展现"人体的健壮和美丽"，爱奥尼克柱式象征"女性的纤细"，科林斯柱式模仿"少女苗条的身材"，古典柱式为有关建筑设计的象征手法奠定了基础。每种柱式的造型具有鲜明的象征性。工匠们在构建场所的过程中需要一套象征的造型（式样）语言，将人对环境的理解加以形象化、补充和象征化。

挪威著名城市建筑学家诺伯舒兹在《场所精神——迈向建筑现象学》一书中强调：象征化意味着一种经验的意义被"转换"成另一种媒介。象征的目的在于将意义从当前的情境中解放出来，使之成为一种"文化客体"，用于构建更复杂的情境或被转移到另一个场所中去。形象化、象征化是安顿生活的普遍观点。就定居的存在意义而言，定居全依赖这些功能。建筑物的形象化、象征化以及集结，同时使环境成为一个统一的整体。

米哈里·塞克斯哈里在《物品的意义》（The Meaning of Things）一书中专门研究了是什么因素让事物变得与众不同。他发现，事物之所以特别，是因为它们承载了人特别的回忆和联想。场所里包含了人的活动，因此，场所本身蕴含意义，而置身于场所之中可以产生新的意义。人与场所的情感联系范围广泛，所派生的意义也丰富多彩。有人把童年时住的房子形容为自己的亲人，令自己感到安心和放心。对于个人而言，每个富有重要意义的场所，都与自身的人生经历有关，是有故事的场所；对于一座城市而言，一座座建筑物承载着历史的变迁，是城市记忆的载体，以无声的方式讲述着这座城市的故事（见图9-12）。人们对场所的情感因个人经历不同而各不相同，而场所的意义也因此难以简单地加以概括或划分，许多意义、故事、情感夹杂在一起，构成一张复杂的网，塑造出与某人身份相关的整体形象。

图9-11　美国得克萨斯州奥斯丁社区大学室内设计

图9-12　上海老式里弄建筑的更新设计

9.4　场所感的三个维度

近年来，场所感引起各学科的广泛关注。场所感是指人对日常生活中所接触的各类场所的体验，包含感性和理性思维，是生理、心理、社会和价值观念等多种因素综合后的产物。人对场景的体验丰富、复杂且微妙，难以进行心理测量。1976年，雷尔夫在其所著的《场所和非场所》中提出了场所体验的基本辩证法：归属存在和疏离存在。其中归属存在指的是一种亲密的场所，疏离存在是一种对场所的陌生感和疏远感。影响场所感的因素包括：场所尺度、场所的物质特征及其改变、场所的历史基因、体验者的社会人口学变量、体验者在场时间的长短、社会文化差异等。

场所感建立有三个维度：场所依赖、场所认同、场所依恋。场所依赖是指人对场所提供的设施、资源等物质条件的依赖。场所认同是指人在场所中取得了社会身份，获得社会认同。人们意识到场所是自我身份的一部分，从而产生了归属感，这是场所认同的核心。诺伯舒兹在《场所精神》一书中写到：认同感意味着与特殊环境为友，北欧人已与雾、冰和寒风成为朋友，而阿拉伯人则必须和绵延不绝的沙漠和炙热的太阳为友。对于现代都市人而言，已很少接触到纯粹的自然环境，他们必须对人造的环境认同，如街道和房子"（见图9-13）。统一性与差异性是认同感的两种不同属性。物以类聚，人以群分就是指的同一性，是特定群体在特定场所中的聚集。差异性是指在同一大背景下，身份、地位、言谈行为等方面的差异。比如上海人对"上只角"与"下只角"的区分。

场所依恋是指人与场所之间的情感联系，是人对地方产生的正面情绪和情感，比如安全感、愉悦感、归属感或根植感。人类的"定居"行为即是展现出对一个具体场所的归属感。长时间在某个地方工作和生活，逐渐就会形成对这个地方的归属感。对地方的认同和依赖最终会演变为根植感，也就是"叶落归根"的感觉。除了对故乡的依恋，日常生活中场所依恋的现象很多，比如对常住城市的依恋、对家的依恋、对邻里间社会联系的依恋等。

场所依恋方面的研究成果对改善场所品质、功能和管理，提高人的生活满意度具有重要的参考价值。场所依恋形成的心理过程包括认知、情感和行为三个部分。认知过程是指对地方的感觉和体验，以及对环境里的人物、事件发生的回忆。情感过程是指当人们在这个已经来过的环境中所产生的情绪体验，即从陌生到熟悉，再到喜爱的过程，对场所表现出迷恋、喜爱、快乐、自豪、满足、寻根和扎根意识等情感。行为过程是指人们对某个地方产生依恋，倾向于在这个地方活动，体现在行为上主要是希望与场所"保持亲近"，比如故地重游、定期返乡、触景生情，或是在一些重大灾难后，人们期望在重建城市时恢复原来生活环境。

在室内设计中，客户时常提出希望将一些与个人儿时记忆或个人情感有关的场景设计到方案中，场景中事物的形状、色彩、摆放方式都是打开美好记忆的线索和钥匙（见图9-14）。

图9-13　冬季丹麦的城市街头，大部分人们还是选择自行车出行

图9-14　怀旧、复古风格的室内设计

事实上，场所的结构并不是一种固定而永久的状态，一般而言，场所是会变迁的，有时甚至非常剧烈。人们通过对环境物理特性的感受形成对一个地方的熟悉感，因此，构成场所的自然元素、物理要素、符号特征等对场所依恋的形成都具有重要的意义。

场所依恋引起城市设计师们的广泛关注，尤其是在历史风貌维护和古建筑保护方面。保留城市格局、维持一定的社会网络、保留具有符号或象征作用的景观是既能将传统与现代、当地与故地、文化与旅游有机结合起来，又能实现历史文化传承、维持场所依恋的有效方式。俗话说："老人怕扰，老屋怕烧，老树怕风雪，老城怕推倒。"保护旧城就是保护居民的场所依恋，保护文化传统。关键性的文化符号，如天际轮廓线、传统街面和特色景观、经典食品和老字号商店等都是保持记忆的重要线索（见图9-15、图9-16）。

人们设计不同的建筑物和室内空间来创造独特的场所精神。场所的环境特性、气氛和本质给人们带来的感受和体验，拨动人们的情绪和情感，让场所仿佛具有了灵魂。在村镇的民俗建筑中，人为的场所精神必须和其自然场所有密切的关联，而在都市建筑中则比较广泛。城镇的场所精神必须包含地域的精神以求其"根源"。不过，场所精神也必须以大众所关注的内容加以集合，内容需能够找到渊源，借着象征化加以改变。有些内容由于非常普通化而应用于各种场所。

在某种限制下，任何场所必须有吸收不同"内容"的能力。场所不只适合一个特别的用途而已，否则将很快就失效。一个场所很显然可以用不同的方式加以"诠释"。事实上，保护和保存场所精神意味着新的历史脉络，将场所本质具体化。我们也可以说场所的历史应该是其"自我的实现"。一开始的可能性，经由人的行为所点燃并保存于"新与旧"的建筑作品中。

图9-15　重建的北京同仁堂门面（上海四川中路店）

图9-16　重新装修的北京全聚德

思考与延伸

1. 举例说明哪些环境能够令你提高工作效率？
2. 室内环境是否会影响你的情绪和行为表现？为什么？
3. 记录一个令你感觉有深刻意义的地方。
4. 场景感包括哪三个维度？

第 10 章　人工智能与室内设计

　　现代家居环境中，智能冰箱、智能洗衣机、智能空调、美食料理机、扫地机器人已成为常见的生活用品。我们可以与智能设备进行简单的互动，让机器更有效地为我们服务。我们随身携带的智能手机可以轻松地完成指纹、人脸和语音信息的识别，在安装程序软件后，智能手机变身为银行卡、交通卡，减轻人们记忆的负担，它甚至还可以成为各种家用设备的遥控器，远程监控家里的情况或是遥控使用家用电器。智能科技推动智能化设备的创新发展，服务于智能化科技的室内空间也在探索新的发展思路。

图10-1、图10-2　智能住宅运用智能设备与现代家居相结合

10.1　智能家居空间

10.1.1　住宅智能系统

　　每个人心目中都有一个理想的"家"。在那里，人们可以达到最放松、最自如的状态。人们可以在属于自己的空间里做自己喜欢的事情，与亲人相依相伴。如今，智能化的住宅和居住空间已经进入普通群众的生活中，人们在家里就可以迅速地与外界沟通。未来人类理想的居住环境不局限于以满足生活起居，居家空间在安全、舒适、节能的基础上，对智能化提出了更多的要求，也更体现了不同使用者的个性化需求。与传统居住空间相比，智能居室秉持节能环保的理念，具有空间使用灵活、家用设施设备多与现代高科技相结合的特点。

　　智能家居（Smart Home）又称为智能住宅，是指运用电脑和网络通信技术对家居住宅环境进行人性化控制和管理的住宅。智能家居的主要内容包括：安全防范系统、综合布线系统、音频广播系统、空调控制系统、灯光窗帘控制系统及家庭影院系统（见图10-1、图10-2）。

图10-5　智能床

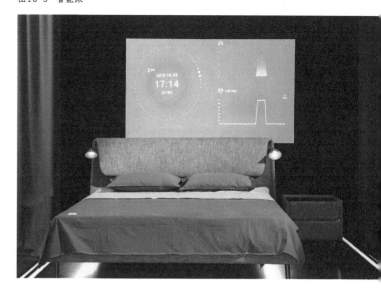

　　智能家居全面提升了居家环境的安全性和舒适性。住宅内安装的智能安防报警系统专门针对住宅中可能发生安全问题的内容，比如防火、防盗和防煤气泄漏等功能。一旦发生危险，所有设备可以传送到主机完成报警内容。智能门锁和可讲对视系统也是安防的重要内容（见图10-3）。智能照明控制可切换不同的场景模式以适应会客、休息、观看影片等需求。音频广播和交互游戏系统为使用者提供了休闲、娱乐的环境，如播放背景音乐、大屏幕上玩交互游戏、家庭影院点播等。电动窗帘和灯光都可以通过遥控器轻松进行控制，也可以定时控制（图10-4）。2019年智能家居的市场研究表明：智能音箱、智能灯泡和智能门锁的需求增长迅猛。消费者的消费意愿逐渐由手机向各种智能设备转变，由此带动智能家居市场快速增长。各种智能家具和电器为人们提供了更多的选择（见图10-5～图10-7）。

图10-3　家用智能门锁

图10-6　智能沙发

图10-4　电动窗帘

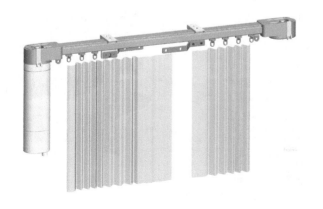

图10-7　扫地机器人

10.1.2 智能厨房

智能家居在厨房中发挥了更重要的作用。在2006年的米兰设计展上，著名设计师扎哈·哈迪德设计的智能厨房系统充分展现了现代科技优化生活的魅力。人们对于未来厨房的期望，不止于对空间的感受，更是对美食和生活的追求，需要融入各种智能化的厨房设备，协助人们轻松、愉快地烹饪出可口的饭菜（图10-8）。智能冰箱能自动检查食物的储备量，当食物不充足时会根据需求在网上从指定的互联网超市采购（图10-9）。电动升降吊柜、触摸式电动抽屉、温度感应水龙头等智能设备改善了厨房操作体验。自动烹饪机记录了各种菜谱的烹饪程序（见图10-10），有条不紊地帮助人们更轻松地完成烹饪。对于厨余垃圾的处理，智能厨房的水池下方可以安装专门的垃圾处理器，人们可以直接将厨余垃圾冲入水管，垃圾处理器自动粉碎和处理垃圾后还可将其转化为生活燃气、电能、热能等有效能源（见图10-11）。

图10-10　智能料理机

图10-11　厨余垃圾处理器

图10-8　人们对未来厨房的构想图

10.1.3 智能卫生间

当前卫生间的智能产品已经给很多人带来了方便和舒适。智能坐便器除了能够进行温水冲洗、夜光、按摩等功能外，还可以为用户进行健康体检，结合远程诊疗和护理系统还可以监测用户体重、血压和尿样，将数据传送出去，实现远程就诊的功能（见图10-12）。智能采暖通风自动调节卫生间的温度和湿度，使其摆脱潮湿和不佳的气味。智能照明和背景音乐系统都有助于提高卫生间使用的舒适度。

图10-9　智能冰箱

图10-12　智能马桶

10.1.4 智能化的儿童房

15～17个月的幼儿房间应该进行特别设计，具有启发性的布置将有助于他们认知水平的提高。心理学研究发现，1岁以上的孩子可以从观赏到的绿色植物中获益，观赏自然景观与孩子认知水平的快速提升有直接的关联。室内空间中采用不同高度的天花板会使这个年龄段的孩子更有合作意识。

儿童懂得欣赏为他们度身定制的空间，他们会对此表达赞美和感激。许多空间对他们来说是有意义的，比如陪伴他们阅读的地方或是当他们烦躁不安时可以安静待一会儿的空间。隐私对于孩子来说也是十分重要的。2岁的孩子在家中需要一个属于自己的独立空间，可以是一间独立的卧室或是一个不必很大的游戏角（见图10-13）。从3岁开始，拥有独立的空间将让孩子在心理上获得满足，有助于他们表达自己的个性和想法。8岁以前，孩子们还无法将不同感官接收到的信息整合在一起，因此，此时的孩子对环境的反应与成人是完全不同的。

8～12岁的孩子渴望拥有自己的房间，他们可以自由地布置房间，选择自己喜爱的物品来装饰房间。有了这个空间，他们可以独处，也可以与朋友交流。假如此时他们仍然和家人共享一个卧室，这样的渴望将难以满足。

与从前相比，如今的儿童和青少年更有自己独到的见解，所见到的优质室内设计也更多，他们对于新的材料、新的空间形式的接受度更高，更愿意在自己的空间中尝试新材料和高科技产品，比如金属材料、半透明材料、平板显示器等（见图10-14～图10-16）。

图10-14 金属材料在儿童卧室的使用

图10-13 属于孩子的独立空间

图10-15 儿童房内大面积趣味墙纸和彩色地毯的使用

小贴士：适合自闭症儿童的空间

» 医疗健康专家和室内设计师共同发现了自闭症儿童对空间的特别需求。自闭症儿童喜欢关注周围环境的细节，因此在患儿生活的空间中不宜出现对称形式的地毯、装饰画或可以被计数的事物。空间中应采用使人放松的颜色，避免患儿因注意力过度集中而受到刺激；水池、电线和垃圾箱应适当隐蔽起来，室内家具避免尖锐的边角，防水材料和木质家具是较好的选择。

» 关注多动症儿童的医疗专家对这些儿童的空间设计提出了许多意见，这些意见被广泛使用于住宅、教室和其他学习场所。室内空间中提供运动的可能性将有助于帮助多动症儿童消耗掉多余的能量，让患儿可以集中精力在脑力工作上。空间中适宜的色彩、气味、材质和中等水平的噪声将有助于多动症儿童安心学习。从学习或工作的房间里，他们能够眺望到自然景观也将有助于缓解病情。

图10-16 儿童房深色墙面和反光墙面与浅色地毯的搭配运用

10.2　智能办公空间

随着现代科技发展，互联网公司、小型创客公司、自媒体等新兴行业的发展，人们对办公空间提出了新的需求。更多的雇主认为当公司成员对工作场所感到满意时，他们才会把工作做得更好。因此，独立的工作空间、多种模式的交流洽谈的空间以及让人恢复精力的休闲娱乐空间都成为一个创意型办公场所所需要包含的基本功能空间。智能办公室的空间布局通常更加灵活和有效，拥有更多的交流空间，工作人员可以选择不同的空间进行交流、讨论或独立工作。办公室里通常提供更多开放式的办公桌，促进工作人员的交流与合作（见图10-17～图10-20）。

智能办公室的采光采用自然光线与人工照明结合的方式。阳光可以使员工对自己的工作更满意，但过于充足的光线会令人感到晃眼，引发不适感。有一种透明的窗户涂料和电脑保护膜能消减阳光带来的晃眼情况，并保证人们能够欣赏到室外的景色。

人工照明方面，设计师必须慎重地选择冷暖光源和明亮度。智能设备通过传感器自动监测光照情况，调节灯光照明。通常明亮的办公室看起来更宽敞，也有助于改善空间中人的心情。当人同时体验到冷色调和暖色调的灯光时，会很开心。暖色调的灯光（3000K）有利于人保持短期记忆和更好地解决问题，在冷白灯和暖白灯的照射下，人的长期记忆变得更好。当人想把新的信息储存在长期记忆中时，人在暖白灯的环境下比在冷白灯的环境下表现得更好，更善于采用合作的方式来解决问题。在灯光变蓝时（5500K）从事需要长期记忆工作的女性比男性表现得更优秀。暖白灯可以让人们保持良好的

> **小贴士：事业发展与满意度评价**
>
> » 人们事业发展的好坏会影响他们对工作场所的满意度评价。当人们在事业上取得成功的时候，他们认为自己的工作场所健康、合理。当人们对事业发展不满意时，会对其工作环境产生很多抱怨，认为工作环境存在诸多问题。

图10-17～图10-20　斯德哥尔摩联合空间公司

心情，感觉充满能量，也使人更具有冒险精神。因此，在为法官、律师或是股票经纪人设计工作场所时要注意灯光冷暖的使用。此外，独立的工作间内应使用带有灯罩的台灯，避免刺眼的灯光垂直照射到人的工作区域。为了使工作空间看起来既宽敞又舒适，50%的光线应该是斜射的。工作场所的环境色彩也具有重要意义。中等饱和度和亮度的环境色将有助于专业人员集中精力完成工作。灰色、白色或米色的墙壁色彩有利于员工集中精力思考问题，也可能会使人产生压力。单调而缺乏色彩的空间可能会使性格外向的员工去其他地方寻找能量（见图10-21、图10-22）。

当办公室的噪声大于45dB时，会使人感到烦躁。为了控制工作环境中的声音，可以在天花板、地板、墙壁和窗户上使用隔声材料，同时，通过音频控制设备适当地播放背景音乐，比如轻音乐、流水声或海浪拍打礁石的声音等。设置隔声的交谈空间，更有利于员工之间的交流，避免谈话对他人工作产生干扰。智能办公大楼通常秉持绿色环保的理念，通风设备通常采用能够抵抗雾霾天气、净化室内空气的新风系统，并安装优质的智能水循环系统。

智能办公室采用智能化的办公家具。针对不同用户的需求，智能办公室通常需要定制智能办公桌椅。智能办公桌椅利用微电子、通信与网络以及计算机技术模拟人在工作环节中的活动，自动实现特定的功能，使工作更安全、舒适和高效。智能办公桌椅在充分考虑人性化设计的基础上，融入网络技术、大数据和传感器，满足现代办公的需求。

智能会议室采用符合人体工学的智能办公桌椅，多媒体放映屏幕或智能放映幕墙让每个与会人员都能清晰地阅览展示的内容。小型的智能会议室可以提供更轻松的交流方式，室内的色彩更明快，布置相对简约和随意，目的是营造一个轻松自如的环境，让人们自在地交流。

图10-22 大型创意办公空间2

图10-21 大型创意办公空间1

与传统办公室相比，智能办公空间为员工提供更多的休息场所。特制的按摩座椅、沙发、图书馆或是运动场地让员工能够调节工作压力，以更好的状态面对工作。

公司的会议室应该设置在整体布局的中间区域，方便所有员工预定使用，而不宜设置在端头。过于偏向一侧的会议室很可能被就近的工作群体单独使用，而达不到共享的目的。提供一间共享休息室也可以提高员工的工作效率，30min左右的短时间午休可以提高人们下午工作的效率（见图10-23～图10-26）。

图10-25　会议室1

图10-23　澳大利亚墨尔本南部的联合工作办公室1

图10-26　会议室2

图10-24　澳大利亚墨尔本南部的联合工作办公室2

10.3　智能商店和餐厅

　　互联网时代的零售业和餐饮业都在悄无声息地发生着改变。网络支付方式让人们更轻松地完成自主购物。如今，在购物商场、地铁站厅、医院、学校等公共场所中，随处可见的自动售货机已经替代了小型的零售商铺。商品的种类繁多，从饮品到日用品，从玩具到化妆品，应有尽有（见图10-27、图10-28）。网上购物订餐、手机扫码的支付方式已成为人们生活中不可缺少的部分。城市中应运而生的无人便利店（见图10-29）、自助小菜场等无人智能商店成为零售商们正在摸索尝试的新的运营方式。自助收银台、自助传菜机器人、人工智能客服、无人配送汽车等各种新型的智能服务设备正在零售行业的各个环节研发成功并投入使用。同时，这些新兴的商店、餐厅等消费服务空间也正在探索适合自身发展的新的空间形式（见图10-30）。

图10-27　地铁通道里的自助贩卖机

图10-28　商场里贩卖口红的自助售货机

图10-29　欧尚自助便利店

图10-30　自助便利店颇具科技感的吊顶设计

　　无人便利店需要客人进入商店前注册账号扫描进入商店。商店通过安装在天花板上的摄像头来记录客人的消费过程。商店内的每一件商品都被贴上一个特别的标签，人们只需将商品放于自助收银台，无线射频识别技术（RFID）和计算机视觉技术就可以快速完成自助结算工作，在线完成支付后，客人便可以离开（见图10-31、图10-32）。

图10-31　缤果自助便利店的收银台

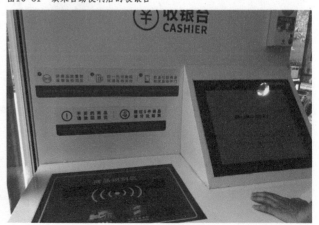

图10-32　缤果自助便利店的摄像头

事实上，无线射频识别技术的运用十分广泛。在购物商场中，凭借手机，人们可以了解大卖场的购物地图，检索商品的位置，并可以直接对商品扫码完成付款（见图10-33、图10-34）。这种技术对每件商品进行实时跟踪，为顾客带来感官的多重交互体验。当顾客在足球用品专区会听到足球赛事转播，在海产品生鲜区购物时会听到海浪声。与网上购物体验相比，商业实体店所独有的即时性和面对面接触的优势可以打造感官的多重交互体验环境。在未来，店面的智能化部署程度和用户体验的品质将是吸引顾客到店消费的关键因素所在。

图10-33　迪卡侬运动超市的自助收银区

图10-34　社区超市的自助收银区

智能服装店应用智能技术结合公司资源和服务流程，为顾客提供更好试衣体验。高清摄像头、电脑、电子监控设备结合镜面显示屏将传统的镜子转变为"试衣神器"，顾客仅需站立于镜子前，便可轻松进行"换装试穿"（见图10-35、图10-36）。

图10-35　位于美国纽约的保罗·拉夫·劳伦（Polo Ralph Lauren）品牌的橡木试衣间

图10-36　位于美国纽约的保罗·拉夫·劳伦（Polo Ralph Lauren）品牌试衣间内的互动镜子

图10-37 云栖大会上展出的智能餐桌

图10-38 肯德基度秘机器人

图10-39 肯德基自助点餐机

智能餐厅是基于智能化设计理念的餐厅空间。智能科技运用于餐厅的管理、点餐系统、传菜付费及空间设计等各个方面。手机扫码点餐的方式不仅减少了服务员的数量，降低了人工成本，也避免了人为因素产生的遗漏和失误（见图10-37）。

肯德基的智能亮点之一表现在度秘机器人——由百度一手打造的人工智能机器人。与人工服务一样，你点餐时收到的第一句问候可能也来自于这个机器人（见图10-38）。在整个点餐的过程中，度秘机器人都可以进行日常的交流，完成从点餐到支付的全流程。除此之外，"智在心情点餐空间"则是肯德基的另一大亮点。这个基于百度强大的人脸识别技术和海量数据库打造的"智在心情点餐空间"，可以通过消费者面部特征进行详细的分析，将年龄性别、心情指数、颜值指标等通通判别出来，并据此推荐个性化套餐，不知道吃什么的听"它"应该没错。当你再次光临的时候，通过拍照还可以把你认出来，并调取之前的用餐记录，这样一来，大大提高点餐效率，节省你宝贵的时间（见图10-39）。

2018年10月28日海底捞第一家智慧餐厅在北京中骏世界城开业。这家从策划到筹备耗时3年的高科技餐厅，对顾客点餐后的配菜、出菜、上菜环节都进行了人工智能化改造，一改往日传统人工服务状态。从消费者点餐到上菜，整个过程依靠自动化、系统化的机器服务设备实现。自动出菜机配菜，机器人传菜，理想状态下仅2min就可完成整个过程。除此之外，在就餐环境上海底捞配备高清激光投影机，餐厅四周和天花板上用投影方式呈现出不同的主题，试图营造出一种科技感。餐桌全部采用磨砂灰黑色的桌面，配以蓝色座椅，让客人进一步感受"沉浸式"火锅就餐新体验（见图10-40、图10-41）。

上海必胜客智能餐厅的智能餐桌上设置了触摸屏，当顾客就座后，触摸屏会出现提示，引导顾客进行点餐，点餐完成后顾客可以继续在餐桌上电子屏区域玩电子游戏。餐桌的屏幕还具备更换桌布的功能（见图10-42）。日本有一家名为异地恋的餐厅，在餐桌前设置了一个镜面屏幕，可以让两个身处异地的人通过屏幕面对面地用餐，就好像对方就在面前一样（见图10-43）。

图10-40 海底捞智慧餐厅中的传菜机器人

图10-42 必胜客触控餐桌，人们可以自由搭配披萨馅料

图10-43 日本异地恋餐厅

图10-41 海底捞智慧餐厅中的激光投影墙面

10.4 智能酒店

智能酒店结合了智能建筑技术和智能化的酒店管理技术。全息互动式投影、声控智能家居等曾经只在影片中看到的科技逐渐出现在现实的酒店中。现代科技正在全面推进传统酒店向智能化酒店的转型。按照酒店管理的特点，智能化科技在酒店的应用大致可以分为前台服务、客房服务技术、酒店整体管理三种类型。

现代科技对酒店前台的影响主要体现为使用新型的服务机器人。机器人可以为宾客提供办理酒店入住、回答一些常规问题以及送餐服务（见图10-44～图10-46）。麗枫酒店北京亚运村店引入酒店服务机器人，成为国内首家实现服务性机器人全程智能化服务的酒店。目前，国内酒店的服务机器人主要局限于为顾客提供个性化旅游推荐服务。

客房服务方面主要集中于研发智能门锁、客房智能控制器以及客房的数字化系统应用。某公司为五星级标准的智能酒店客房研发了最新的人脸识别解锁技术，还专门开发了全新的应用及智能酒店控制界面"HOTEL UI"（见图10-47～图10-49）。

酒店智能化管理包括楼宇管理和酒店运营两个部分。楼宇管理主要针对酒店建筑的自动化控制、弱电工程、电气设计方面的设计，着重表现在智能照明控制、节能设计、建筑设备监控系统、火灾自动报警系统以及智能维修管理系统。

图10-44 日本长崎县佐世保市豪斯登堡机器人酒店

图10-45 豪斯登堡机器人酒店前台

图10-46 豪斯登堡机器人乐队

图10-47～图10-49 我国澳门Morpheus酒店
在一个S57H面板上，就可以控制客房内的筒灯、彩色灯带、窗帘、空调、电视、音乐等的设备和功能。无需安装额外的温控器和音乐控制器。

10.5 智能学习空间

10.5.1 学校教室

学校的环境设计与学校的办学理念息息相关。教室是学生的学习场所，也是教师的工作场所。总体而言，学习场所中色彩对比度要适中，不能过于强烈。教室中所使用的材质、形状和对称物品的数量不能过多，在视觉的复杂性上应保持中等水平（见图10-50、图10-51）。照明水平也要保持适中。过于复杂的学习环境对于年幼的孩子是个极大的挑战。教室环境中的自然光线和窗户是十分重要的。学习是一件耗费脑力的事情，学生和老师都需要通过适时地欣赏窗外的风景来放松休息。如果无法看到自然景观，教室里可以放置一些盆栽植物。相对于没有植物盆栽的教室，有植物的教室里的学生会表现得更加优秀。温度也会极大地影响老师和学生在教室中的体验。20～23℃通常可以让人感到舒适。教室内良好的空气流通对师生保持健康也有好处。噪声会分散人们的注意力，只有在安静的教室里学习，学生才会取得较好的成绩。

不同的教室形状也会给学生不同的学习体验。长方形和方形的教室适合传统的教学模式，支持以老师授课学生听课的方式进行学习。在教育的新时代，技术为新的学习模式创造了条件，学生倾向于主动学习，而教室也会向更先进的、支持主动学习的环境演变。T形或L形的教学空间可以满足多种教学模式，尤其适合老师为小型群体授课，并能为学生以小组方式交流讨论提供私人空间。

图10-51 怀德伍德公立小学的图书馆

图10-50 获得LEED奖的美国圣多美公立学区怀德伍德公立小学的教室

为了使学生保持良好的学习状态，需要重新思考教室的布局。首先要做的就是远离一排排固定的平板课桌椅和一个讲台的传统设置。面对面的交流是成功学习的前提条件，新设计的教学空间应能支持共同学习、共同创造和开放讨论，充分为主动学习提供条件。教室应满足灵活和多样的教学方式，提供必要的教学设备、设施与教室空间相结合，从而支持积极主动的学习方式。学习空间可以很容易地从演讲模式转变为团队合作。每一个座位都是最好的座位，每个人都可以使用教学内容，无论是学生还是讲师。每个人都可以使用教室里的电子设备。这些教室通过将学习空间的控制权交给学生和教师来吸引和激励学生。

美国得克萨斯州农工大学计划到2025年将工程类学生人数增加三分之一以上，达到2.5万人，这一增长的一半预计将通过提高学生留用率来实现，这是学校"改造工程教育"战略的结果。这项工作的核心是新的525000ft²（48774m²）的扎克雷工程教育综合楼，它避免了传统的教室和讲堂方法，而是具有大型、活跃的学习教室和家具，完全集成了技术。"我不确定以前是否有人尝试过将技术与主动学习相结合，"工程学院信息技术主管兼首席信息官埃德温·皮尔森（Edwin Pierson）说。"我们正在构建适合学生不同学习方式的学习环境，无论是互动式的、大范围或小范围的协作式的，还是讲座式的。这些环境很容易适应学生和教师以及他们的工作方式（见图10-52～图10-54）。"

研究表明，与被动学习相比，主动学习有助于学生更好地保留信息。该校副校长苏奈·帕索尔（Sunay Palsole）说："积极学习在帮助我们改变工程教育方面起着关键作用。"但是对于大多数学校来说，大型活动教室是一个相当新的概念。在新建的教学大楼中，18个教室设计为每个最多容纳学生100人，另外14个教室每个最多容纳48名学生。这反映了一种趋势，即使用较大的教室将规模效益与主动学习的效益结合起来。然而，大教室的学生有时很难看到屏幕上的内容，因此需要更大的显示器。而放置在房间周围的监视器可以阻挡视线，抑制点对点协作，并妨碍有效的教学。一些教师仍然喜欢或有时使用更传统的教学方法。

图10-52～图10-54　美国得克萨斯州农工大学的教室

小贴士：设计新课堂环境

» 旨在为那些规划教育空间的人提供一些指导原则，帮助设计更具互动性和灵活性的学习空间。教室中的座位模式要符合教学的需求。教学场所中的设施要简洁，且便于移动。

在加拿大蒙特利尔市的拉萨尔学院，在学校实施积极的学习计划、课堂和工具后，教师记录了学生软技能发展的改善。拉萨尔学院倡导的积极学习计划始于2011年，当时教师开设了他们的第一间充满色彩的非传统教室，称之为"协作室"。学校希望将教学从以教师为中心的方法转变为以学生为中心的方法。他们还在校园内建立了一个积极的学习社区，包括为教师提供以学生为中心的教学方法的项目和研讨会，以及一个在线教师论坛，分享积极的学习活动和技巧（见图10-55、图10-56）。此外，学校希望创造更多的空间来帮助学生进行自己的学习。2016年，他们申请并随后获得了教育主动学习中心的资助。

在实施一年后，学生的使用反馈表明：学生们普遍认为在活跃的学习中心教室里感觉更自在，教师的反馈也提出了同样的建议。教师们说，在宽敞明亮、活跃的学习室里，他们感到更加放松，这鼓励他们尝试新事物。然而，最令人兴奋的结果是对学生软技能的积极影响。软技能是人们在工作场所使用的能力。比如，团队合作或沟通，不一定是有形的技能。

教师记录了学生交流、创造、协作和批判性思维的积极变化。学生们感谢教师指导促进团队合作的活动。他们承认对教室里的每个人都比较熟悉，因为他们可以互相看，而不是排成一排，盯着别人的后脑勺（见图10-57）。

图10-55 拉萨尔学院的教室

图10-56 拉萨尔学院的大型教室

图10-57 孔子学院在美国达拉斯大学琼森大厦举办汉语教材讲习班

10.5.2　智能图书馆

过去图书馆是一个用图书来满足对阅读的热爱、教授知识和技能的地方，而如今，印刷书籍和数字书籍都在学习中起着积极的作用。今天的图书馆正在向学习公共资源转变，是传统和新知识资源融合的地方。图书馆是教育的一个重要资源。教学方式的转变对图书馆空间提出新的、多用途的需求，图书馆应该是同时支持教学和学习的。如今的图书馆是一个比以往任何时候都容纳更广泛和更深厚资源的地方。

图书馆正成为校园的学术中心，支持社会联系、协作需求和团队项目。新的图书馆空间应该既能满足个人研究，又能满足小组研究。一个人独自学习的状态在图书馆很普遍。学生需要独立的空间，让他们能够排除干扰，安心学习（见图10-58、图10-59）。但是，学生也经常需要能与同伴一起工作和学习的空间。图书馆也应为他们提供协作、共同创建和讨论的必要空间、设备和条件。

图书馆也是人们进行慕课学习的重要场所。慕课学习是未来的一种趋势，这是一种将在线和面对面学习相结合的教学方法，它提供了一种更丰富、更动态的教学方法，将教师教学与基于网络的、移动的和/或课堂技术相结合。它将学习扩展到传统学习环境的内部和外部，并优化面对面和虚拟学习体验的环境，以及不同类型的媒体。个人的学习过程是有节奏的。有效的学习空间可以支持这种学习节奏。正如一些教室的设计需要支持不同的学习和教学风格一样，图书馆空间也必须同样适应学生和教师不断变化的需求。

图书馆作为一个支持自主学习的空间，每个区域支持不同类型的行为和活动。在这些区域，新的图书馆空间必须支持小组工作、私人学习以及计算机等设备的使用。无论一个空间是新的还是翻新的，视觉和声学环境的私密性都需要仔细考虑。

个人独处空间应让人们能够聚精会神地工作和学习，提供一个视觉上相对封闭的空间让学生能够高度集中注意力，排除一切外部的干扰。这个空间是个体所临时拥有的私密空间，可以通过提前预约来使用。不过，有时候个人也会希望在他人的陪伴下工作或学习，以保持社会联系。图书馆也需要提供个人在开放环境中单独工作的环境，可以提供高度灵活的桌子和座椅支持站立或坐着工作的方式；提供专用计算机工作站、专用技术和软件的使用。

团队工作空间应支持多种会议模式和学生项目团队；提供一系列慕课学习和教学环境，包括在线、网络研讨会等；支持多个会议模式，为不同大小的团队提供信息、评估和合作的场所；提供视觉显示、协作技术、信息和声学隐私的工具。学生也会在开放区域进行小组工作，以保持与他人的联系，这就要求学生具备满足不断变化的需求的灵活性。参考领域应利用图书馆员在指导和教学方面的专业知识。技术使用的增加需要及时的技术支持。学习活动的增加需要多用途、适应性强的集合地点（见图10-60～图10-64）。

图10-58　图书馆的独立阅读空间1

图10-59　图书馆的独立阅读空间2

图10-60～图10-64　美国大峡谷州立大学的图书馆

10.6　智能医疗场所

医院和医疗机构的内部环境设计是十分重要的。医生高强度的脑力工作往往直接决定了患者的生命和健康。医生、医护人员和患者都需要一个舒适的医疗环境。医院内部环境在设计上应注意以下几点：第一，严格按照医院工作流程进行设计，有效控制感染和二次传播的概率。第二，创造干净整洁的医疗环境。医院是各种病毒病菌聚集的场所，在内部环境设计时，应考虑对细菌和病毒的抵抗措施。比如，采用新型环保抗菌材料、设置杀菌消毒的设备、采用便于清洁的设计、消除设计不当引起的卫生死角。第三，营造温馨、舒适的医疗环境。使用协调的色彩，避免使用刺激的色调。

医疗环境经常给人以紧张的感觉，治疗后的恢复过程通常是缓慢的，工作人员和患者十分容易处于巨大的压力状态。经过合理设计的医疗空间有助于促进医护人员控制患者的病情，也能适当减轻病患的心理压力，获得心理安慰。类似于旅馆的病房布局会给病人更好的治疗体验。在病房的等候区域保留允许人们交谈的空间，设置舒适的交流场所都将有助于人们减轻压力，保持良好的心情，也有助于减轻工作人员的压力。能看得见风景的病房更受人欢迎。研究发现，在能看到自然风景的病房中的病人对疼痛的感觉更低，术后的恢复也更快。假如病房内无法看到窗外的自然景色，在墙壁上挂上拥有自然元素的绘画或照片，也有一定的缓解疼痛的效果。工作人员也能从自然景观中获益。抽象绘画和雕塑

作品并不适合摆放在医疗场所中，因为人们在这里更关注个人的健康状况，这些作品往往对解除压力和焦虑没有帮助（见图10-65~图10-68）。

阳光可以使病人和工作人员保持正常的作息规律。时常能晒到太阳的患者通常情绪更稳定。当人们感到绝望时，黎明的曙光能极大地改善他们的这种状态。因此，在病房中设置足够尺寸的玻璃窗是十分有必要的。

在灯光的设计上，在不影响工作人员工作的前提下，尽量使病房中保持较低的光线水平，有助于病人安静地休息，也能够起到暗示谈话小声的作用。与工作场所一样，噪声会增加病人和工作人员的压力，让病人对医院的服务质量产生怀疑。过大的噪声甚至会影响手术的过程。单一的色调通常会使人感到压抑，因此在医疗康复机构里最好避免设计这样的空间。

不同色彩的运用对于患者来说治愈的效果也不一样，比如红色有助于促进血液的流通，对于一些低血压患者来说具有康复的作用，很多心情较为郁闷的人士看到红色的事物时也会有些刺激效果，帮助他们焕发精神；黄色相对较为温和，一般都会作为基本元素应用于医院室内的设计当中；绿色属于生命之色，人们看到绿色就会充满活力，同时它也有助于缓解眼睛疲劳，帮助人放松心情；还有一些紫色，会大量运用于孕妇常在的科室，这种紫罗兰色调可以使人在精神上放松，也能缓解孕妇的疼痛，帮助他们减少失眠的影响。暖色调会使人感受到温暖，在寒冷的地区应采用暖色调来设计医疗空间。

图10-65　瑞典新莱诺克斯银十字医院（Silver Cross Hospital）大堂

图10-66 银十字医院等候区

图10-67 美国俄亥俄州总康复医院（Summa Rehabilitation Hospital）康复训练室

图10-68　美国得克萨斯州圣安东尼奥医院急诊室

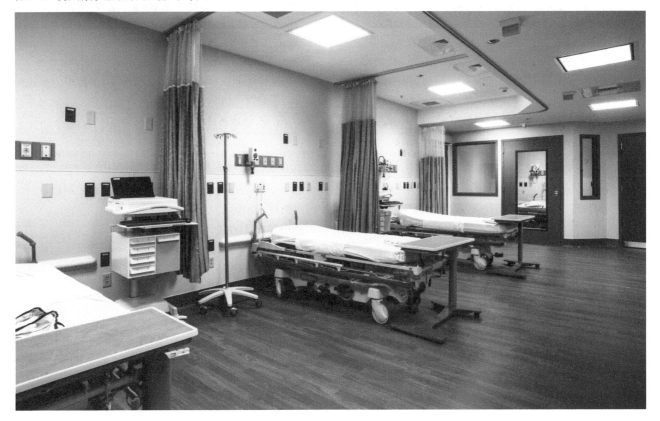

思考与延伸

1. 人工智能在家居空间中运用在哪些方面?

2. 人工智能在办公空间中运用在哪些方面?

3. 人工智能是如何与商店和餐厅空间相结合的?

4. 人工智能在学习空间中的作用和意义是什么?

参考文献

[1] [美] 保罗·贝尔，托马斯·格林，杰弗瑞·费希尔，安德鲁·鲍姆著. 环境心理学. 第5版. 朱建军，吴建平译. 北京：中国人民大学出版社，2009.

[2] [荷] 琳达·斯特格，爱格尼斯·E. 范登伯格，[英] 朱迪思·I. M. 迪格鲁特著. 环境心理学导论. 高健，于亢亢译. 北京：中国环境科学出版社，2016.

[3] [挪威] 诺伯舒兹著. 场所精神迈向建筑现象学. 施植明译. 武汉：华中科技大学出版社，2010.

[4] [美] 萨利·奥格斯丁著. 场所优势室内设计中的应用心理学. 陈立宏译. 北京：电子工业出版社，2013.

[5] [美] 唐纳德·A.诺曼著. 设计心理学套装. 北京：中信出版社，2016.

[6] 常怀生著. 环境心理学与室内设计. 北京：中国建筑工业出版社，2016.

[7] 谌凤莲著. 环境设计心理学. 成都：西南交通大学出版社，2016.

[8] 胡正凡，林玉莲著. 环境–行为研究及其设计应用. 北京：中国建筑工业出版社，2018.

[9] 吴相凯，黎鹏展著. 基于环境心理学的现代室内艺术设计研究. 成都：四川大学出版社，2018.

[10] 叶浩生著. 具身认知的原理与应用. 北京：商务印书馆，2017.

[11] 滕瀚，方明著. 环境心理和行为研究. 北京：经济管理出版社，2017.

[12] 何森著. 室内环境健康指南. 北京：中国建筑工业出版社，2016.

[13] 苏彦捷著. 环境心理学. 北京：高等教育出版社，2016.

[14] 柳沙著. 设计心理学. 上海：上海人民美术出版社，2016.